MANUAL DEL ASTRÓNOMO AFICIONADO

ERASMUS

Ángel Molina Quintiana

Manual del astrónomo aficionado

El arte de observar el firmamento

ERASMUS

ERASMUS EDICIONES

Primera edición: enero de 2026

© · Ángel Molina Quintiana, 2026
© Editorial Almuzara 2026

Edición: Gerai Puig
Diseño de cubierta: Rafael Soria
Maquetación: Miguel Andréu
Imprime y encuaderna: Liberdúplex

www.erasmuslibros.com www.editorialalmuzara.com
pedidos@almuzaralibros.com info@almuzaralibros.com

Parque Logístico de Córdoba. Ctra. Palma del Río, km 4 C/8, Nave 12, nº 3.
14005 - Córdoba

ISBN: 978-84-92806-90-4
Depósito legal: CO-2280-2025

Hecho e impreso en España-*Made and printed in Spain*

Para mi estrellita.

*Lo más incomprensible del universo
es que sea comprensible.*
Albert Einstein

*La astronomía es una experiencia que enseña
humildad y construye carácter.*
Carl Sagan

*No dejéis que nadie os diga que
no podéis observar el cielo.*
María Mitchell

ÍNDICE

PRÓLOGO

La astronomía es una ciencia al alcance de todos.

Corría el año 2003. Recién cumplidos mis 17 años, me encontraba desembalando mi primer telescopio. Era un pequeño refractor de 60 milímetros de apertura y 900 de distancia focal sobre una montura azimutal que apenas podía soportar el peso de aquel pequeño telescopio.

Vibraba, temblaba y era casi imposible mantenerlo estable. ¡Era un telescopio de juguete! Un telescopio de juguete que me abrió las puertas del universo; algo que hoy es mi trabajo y mi forma de vida. Aún lo conservo con cariño.

Aquel pequeño telescopio me permitió descubrir los anillos de Saturno, una imagen imborrable en mi memoria, los cráteres de la Luna y las 4 lunas galileanas de Júpiter, aquellas mismas que en 1610 observó por primera vez el famoso astrónomo. También observé mis primeros objetos de espacio profundo: cúmulos estelares y nebulosas que no eran más que una débil mancha en el ocular de aquel sencillo telescopio. Y aunque tuve que aplicar cierto ingenio, aquel telescopio me permitió capturar mis primeras imágenes del universo.

Por desgracia, también me permitió descubrir algo mucho menos inspirador. Comprobé cómo, aunque la era digital ya llevaba años rodando, la astronomía seguía siendo un mundo de cuatro locos. Un mundo en el que encontrar la información necesaria para comenzar a explorar el universo no era sencillo. ¡Y no digamos empezar a fotografiarlo!

Entonces llegaron los foros de internet y, con ellos, una nueva forma de compartir el cielo. Aún recuerdo con nostalgia el ambiente y compañerismo de foros como el de la Asociación Astronómica Hubble, que comenzó su andadura en el año 2004 y llegó a convertirse en el foro más importante en habla hispana sobre astronomía y astrofotografía *amateur*. Un lugar de encuentro donde todos los aficionados teníamos cabida, indistintamente de nuestro nivel o de nuestro equipo astronómico. Un lugar donde conocíamos a otros aficionados, donde todos nos ayudábamos entre nosotros, y donde descubrimos que el mundo de la astronomía *amateur* no era tan pequeño como pensábamos.

Aquellas primeras comunidades de internet fueron, sin saberlo, el principio de algo mucho más grande. Daban respuesta a la necesidad por parte de los aficionados de establecer una conexión, de mantener un contacto y de compartir conocimientos. El primer reflejo de lo que hoy en día es esta afición.

Hoy en día basta con realizar una búsqueda en internet para encontrar toda la información que te permitirá, no solo montar y comenzar a utilizar tu telescopio, sino avanzar en la exploración del universo, descubriendo maravillas increíbles y aprendiendo, incluso, a fotografiarlas por tus propios medios. Los foros de internet hace años que pasaron a un segundo plano, ahora son las diferentes redes sociales las que permiten que el conocimiento se comparta y sea cada vez más accesible.

Libros como el que tienes entre tus manos son el reflejo de este cambio y demuestran hasta dónde hemos llegado. Un manual que, paso a paso, te irá guiando desde lo más básico hasta lo más complejo. Un manual elaborado por un gran amigo pero, por encima de todo, por uno de los aficionados con mayor conocimiento en la materia que conozco.

Tuve la ocasión de tener entre mis manos el auténtico diario de observación que inspiró su proyecto, *El Diario del Astrónomo*, durante un viaje al Observatorio Astronómico de Calar Alto (CAHA) en Almería y estoy absolutamente seguro de que es la persona idónea para guiar tus primeros pasos en esta bonita afición.

Así que siéntate y disfruta de este libro. Aprende y complementa tus conocimientos con toda la información que ahora tienes a tu alcance y convierte tu afición por la astronomía en tu pasión.

Luis Miguel Azorín (*@NaturalPortraits)*

INTRODUCCIÓN

¡Cielos despejados!

Si estás leyendo estas páginas es porque sientes esa chispa de curiosidad que te ha hecho levantar la vista al cielo nocturno y hacerte preguntas sobre él: *¿qué hay ahí arriba? ¿Cómo son las estrellas? ¿Es posible ver nebulosas y galaxias como veo en internet?*

Quizás pienses que para ser astrónomo hay que estudiar una carrera universitaria y trabajar en un observatorio, rodeado de ordenadores y de enormes telescopios cuyo precio tiene tantos ceros que nos duele la cabeza solo de imaginarlo. Sin embargo, el mundo de la astronomía es mucho más amplio y democrático de lo que parece. No es necesario contar con conocimientos ni instrumentación de primer nivel para disfrutar del cielo y sus maravillas, basta con levantar la mirada y querer entender lo que tienes sobre tu cabeza.

La astronomía nació como la necesidad de nuestros antepasados para predecir cambios. Esos primeros hombres prehistóricos necesitaban una manera de poder saber cuándo era la mejor época para sembrar, para cazar y almacenar comida y pieles, para emigrar en busca de mejores territorios… Las estrellas fueron la respuesta a las preguntas del ser humano.

En el cielo, nuestros antepasados encontraron un calendario. Se percataron de que cuando determinadas constelaciones asomaban por el horizonte este antes del amanecer quedaban pocas semanas para que acabase el verano y, cuando otras constelaciones asomaban por el mismo horizonte antes del amanecer, el final del invierno se acercaba.

Esos primeros humanos no sabían que vivían en un planeta esférico que orbitaba una estrella llamada Sol y que los puntos que veían en el cielo no eran más que otras estrellas de nuestra galaxia y que, en función de la posición de nuestro planeta alrededor del Sol, eran visibles unas u otras estrellas. Para ellos esos puntos que dibujan figuras en el cielo eran dioses cuya presencia afectaba a la realidad más terrenal. Pero una cosa está clara: descubrir y entender a esos dioses les permitió predecir los cambios estacionales y prepararse para ellos, pasando de una sociedad nómada a una sedentaria.

Puesto que ya no era necesario desplazarse continuamente en busca de alimento y refugio, y con el conocimiento del cielo para predecir cambios y sentar las bases de la agricultura y la ganadería, nacieron los primeros poblados que ofrecían la protección de un refugio y una comunidad, la sensación de pertenencia a un grupo permanente, un descenso de la mortalidad y aumento de la esperanza de vida. La civilización tal y como la conocemos había surgido principalmente gracias a la curiosidad y perspicacia de esos hombres que miraron hacia arriba y se centraron en entender lo que veían.

Hoy día encontramos vestigios de ese conocimiento primitivo en todo el mundo. Desde monumentos megalíticos utilizados como calendarios solares que predecían el día del solsticio de verano hasta la alineación de las pirámides, necrópolis e iglesias de todo el mundo, las construcciones de nuestros antepasados nos demuestran lo presente que estaba la astronomía en su vida diaria. Una ciencia que, antaño, no distaba de la fe, ya que precisamente la astronomía era el mecanismo que nos permitía honrar y conectar con nuestros dioses.

Y un astrónomo aficionado recoge el testigo de esos primeros humanos. Un astrónomo aficionado es, ante todo, alguien que siente curiosidad por el universo y dedica parte de su tiempo a explorarlo y entenderlo. Puede ser alguien que observa la Luna desde su terraza con sus viejos prismáticos, un grupo de amigos que identifica constelaciones en el cielo durante una acampada y se hace la típica pregunta de «¿habrá vida ahí arriba?» o un joven que fotografía lejanas galaxias con un telescopio y una cámara en el jardín. La pasión y la motivación es la misma, aunque los medios sean diferentes.

La astronomía *amateur* tiene una larga tradición. En el siglo XIX y buena parte del XX, muchas aportaciones científicas se debieron a observadores aficionados como William y Caroline Herschel, Leslie Peltier, Robert Evans o el mismísimo descubridor de Plutón, Clyde Tombaugh, que desde sus propios equipos modestos registraba cometas, novas o eclipses. Incluso hoy en día, con telescopios al alcance de un aficionado, los *amateurs* siguen explorando los confines del cosmos y siendo un pilar fundamental para la ciencia. ¿La razón? Hay miles, probablemente millones de astrónomos aficionados repartidos por todo el planeta atentos a fenómenos que a menudo los grandes observatorios no pueden vigilar de manera constante.

De hecho, algunas áreas de investigación dependen todavía de la colaboración de astrónomos aficionados: la observación y seguimiento de estrellas variables, el seguimiento de asteroides potencialmente peligrosos, la detección y el seguimiento de cometas o la monitorización de manchas solares son solo algunos ejemplos donde los *amateurs* siguen aportando datos muy valiosos a los científicos.

Pero tranqui, no hace falta descubrir un cometa o una estrella variable para sentirse un auténtico astrónomo. La esencia de esta afición está en el placer de observar aquello que no todo el mundo observa. Consiste en detenerse una noche de verano a contemplar la Vía Láctea, en emocionarse al observar los anillos de Saturno o en perseguir una lluvia de estrellas con unos amigos. Es un *hobby* que combina ciencia, paciencia, disciplina y asombro y que ofrece algo que pocas aficiones pueden dar: la sensación de conectar con el universo y con esa sensación primitiva de explorar que ya experimentaron nuestros primeros antepasados.

En este libro vas a descubrir que la astronomía *amateur* no tiene un único camino. Algunos disfrutan observando la Luna y los planetas mientras que otros se lanzan a la caza de pequeñas nebulosas planetarias. Hay quienes dedican toda su vida a observar a través de un ocular y quienes llevan la fotografía a un nivel superior para inmortalizar alucinantes y coloridas imágenes de galaxias. Los hay que practican esta disciplina desde la ventana de su casa y quien viaja a lejanos y remotos desiertos en busca de las mejores condiciones del planeta. Todos formamos parte de la misma comunidad, una red global unida por el simple acto de mirar hacia arriba y asombrarnos con ello.

En estas páginas descubrirás que la astronomía está abierta a todos. No importa dónde vivas ni el equipo que tengas a tu disposición. Ya sea solo con tus propios ojos, con unos prismáticos o un gran telescopio, el punto de partida es el mismo para todas las personas: la curiosidad. El camino que recorrer tras ese encendido de la chispa de la curiosidad solo depende de ti: aprender, practicar y, sobre todo, disfrutar.

Porque un astrónomo no es solo alguien que observa el cielo: es alguien que lo vive. Que aprende a orientarse en la noche como quien descifra un mapa secreto, que se emociona con fenómenos que para otros solo son puntitos luminosos o nubes borrosas en blanco y negro solo visibles a través de una pequeña lente. Es alguien que entiende que el universo no es un espectáculo lejano, sino una parte de la realidad de la que él mismo forma parte.

En los próximos capítulos iremos avanzando poco a poco. Primero, a ojo desnudo, tal y como lo hicieron nuestros ancestros. Después, con prismáticos y telescopios para ampliar nuestra visión. También exploraremos la astrofotografía y, finalmente, descubrirás cómo tú mismo puedes formar parte de la ciencia de primer nivel. Pero todo comienza aquí, justo en este punto, sabiendo que tú también eres astrónomo, al fin y al cabo, cada noche que levantes la vista y busques una estrella, estarás repitiendo el mismo gesto que une a todas las generaciones de la humanidad: mirar hacia arriba y preguntarse qué hay más allá.

Parte I

EL PRIMER CONTACTO
CON EL CIELO

Capítulo 1

LA OBSERVACIÓN CELESTE: DE MIRAR AL CIELO AL USO DE TELESCOPIOS

EL PASO A PASO PARA CONVERTIRSE EN UN ASTRÓNOMO AFICIONADO.

Convertirse en astrónomo aficionado no empieza con la compra de un telescopio, sino con un gesto mucho más simple: levantar la vista.

El camino hacia el conocimiento del cielo no se recorre con prisa ni con grandes inversiones, sino con paciencia, curiosidad y noches despejadas.

Este capítulo es tu mapa de ruta. Aquí descubrirás cómo dar tus primeros pasos, qué esperar de cada etapa y por qué el aprendizaje más sólido en astronomía es aquel que se construye desde lo más sencillo hasta lo más complejo: primero el cielo a ojo desnudo, después los prismáticos, y finalmente el telescopio.

Todo comienza con una pregunta.

Quizás una noche miraste hacia arriba y te preguntaste qué era esa estrella tan brillante sobre el horizonte, o si realmente podrías ver una galaxia con tus propios ojos. Esa curiosidad es, en esencia, lo que mueve a toda la astronomía, desde los grandes observatorios hasta los aficionados que observan desde su balcón.

No necesitas conocimientos previos ni instrumentos caros. El universo no te pide credenciales. Solo te pide atención. La astronomía no se aprende de golpe, se descubre poco a poco, a medida que tu mirada se entrena para distinguir patrones donde antes solo veías puntos brillantes.

Este libro te propone un camino que millones de astrónomos hemos recorrido antes:

1. Mirar el cielo a simple vista, para orientarse y entender su lenguaje.

2. Usar prismáticos, para ampliar tu horizonte y empezar a descubrir los detalles invisibles al ojo.

3. Dominar el telescopio, la herramienta que te permitirá asomarte a lo invisible.

Cada etapa cumple una función. No se trata solo de ver más, sino de entender lo que ves. El aprendizaje en astronomía no consiste en acumular equipo, sino en construir experiencia. Y la experiencia solo se gana mirando, una noche tras otra.

Antes de pensar en aumentos o lentes, aprende a reconocer el cielo con tus propios ojos.

Descubre cómo cambia con las estaciones, cómo se mueven las constelaciones, por dónde sale la Luna y qué planetas acompañan al amanecer o al atardecer. A ojo desnudo puedes ver miles de estrellas, los principales planetas, la Vía Láctea e incluso otras galaxias. Todo sin gastar un solo euro.

Esta etapa te enseña lo más importante: orientarte. Cuando aprendas a reconocer una constelación o a identificar la Estrella Polar o la Cruz del Sur, habrás dado tu primer gran paso.

El objetivo aquí no es ver mucho, sino entender lo que ves. Y esa comprensión será la base de todo lo que venga después. Los capítulos 2 y 3 te guiarán precisamente en esa fase: cómo mirar el cielo, cómo cambia con el tiempo y cómo aprender a leerlo como si fuera un mapa.

Una vez que el cielo ya no te resulta desconocido, llega el momento de ampliarlo. Los prismáticos son la herramienta perfecta para ello: ligeros, económicos y capaces de mostrarte cientos de objetos invisibles a simple vista.

Con ellos podrás contemplar cúmulos estelares, seguir el contorno de la Luna con un nivel de detalle asombroso o descubrir decenas de difusas manchitas a las que llamamos nebulosas.

Los prismáticos son una extensión de tus ojos, y te enseñan una lección que vale para toda la astronomía: cuanto más aprendes a mirar, más cosas aparecen. No se trata de ver más lejos, sino de ver mejor.

Esta etapa entrena tu paciencia y tu precisión. Aprenderás a buscar con calma, a comparar, a registrar lo que ves. Y cuando domines el cielo con ellos, estarás listo para el siguiente paso.

El telescopio es la culminación natural de este proceso.

A través de él, el universo deja de ser un fondo lejano para convertirse en un paisaje con formas y texturas.

Verás los cráteres de la Luna como si fueran montañas al alcance de la mano, los anillos de Saturno flotando como un milagro suspendido y las nebulosas mostrando detalles que te dejarán sin palabras.

Pero, ojo: el telescopio no es un punto final, sino un nuevo comienzo.

Dominarlo requiere tiempo, técnica y algo de frustración, pero también ofrece una recompensa incomparable: la sensación de estar viendo con tus propios ojos lo que otros solo conocen por imágenes.

Por eso, antes de llegar a este punto, es esencial que hayas aprendido a orientarte, a localizar objetos y a interpretar el cielo sin depender de una pantalla o de un sistema automático. Un telescopio sin conocimiento del cielo es como un violín sin oído musical.

Muchos principiantes cometen el mismo error: compran un telescopio sin saber usarlo ni entender qué están mirando. Esto hace que lo que empieza como una ilusión acabe como una frustración.

La astronomía no se disfruta por la potencia del equipo, sino por la relación que estableces con el cielo. No tengas prisa. Cada etapa tiene su belleza. Aprender a leer el cielo a simple vista te da la base que ningún telescopio puede ofrecer.

Piensa que cada objeto que observes más adelante —una nebulosa, una galaxia, un planeta— estará dentro de un contexto que solo podrás entender si antes has aprendido a reconocer su vecindario en el firmamento.

Con el tiempo, este aprendizaje evoluciona de forma natural. Primero observas, luego identificas y registras lo que ves. Más tarde fotografías y comparas resultados y, finalmente, colaboras y compartes tus observaciones con otros.

De este modo, la astronomía deja de ser un simple pasatiempo y se convierte en una forma de participar en la exploración del universo. Todo empieza con levantar la mirada, pero puede llevarte tan lejos como quieras: desde un cuaderno de observaciones hasta la astrofotografía o la ciencia ciudadana.

A partir de ahora, cada noche despejada será una oportunidad. Quizás solo te detengas a mirar la Luna unos minutos desde tu balcón, o tal vez te animes a perderte bajo un cielo oscuro y contar estrellas fugaces hasta que amanezca.

Sea como sea, cada observación te conectará con algo que nos une a todos los seres humanos desde hace miles de años: la fascinación por el cielo. No importa si usas tus ojos, unos prismáticos o un telescopio avanzado. Desde el momento en que decides mirar con intención, ya eres astrónomo.

Porque la verdadera astronomía no empieza con una lente, sino con una mirada.

Capítulo 2

EL CIELO A SIMPLE VISTA

APRENDER A RECONOCER CONSTELACIONES,
ORIENTARSE Y DISFRUTAR DEL CIELO SIN INSTRUMENTOS

EL CIELO Y LOS PLANETAS

A simple vista, el cielo nocturno ya es en sí mismo un espectáculo. Lo primero que sorprende cuando uno se toma el tiempo de observarlo sin prisa es que no todas las estrellas brillan igual. Algunas son más intensas, otras parecen titilar con fuerza, unas muestran un tono azulado y otras un ligero color anaranjado. Incluso hay quien, al fijarse, es capaz de observar que hay algunas cuyo brillo y parpadeo es completamente distinto al de las demás... esos son los planetas.

De hecho, no sé si sabes de dónde viene el término «planeta». Por si acaso, y para que no te quedes con la duda, yo te lo cuento. La palabra proviene del griego antiguo πλανήτης (*planētēs*), que significa 'errante' o 'vagabundo'. Y es que los griegos observaron que, mientras la mayoría de estrellas parecían mantenerse en la misma posición relativa noche tras noche, había unas pocas que se adelantaban o atrasaban respecto al fondo estelar. A esas estrellas «errantes» las llamaron planetas.

Aquí conviene ser rigurosos: las estrellas también cambian de posición si comparas dos noches a la misma hora, pero lo hacen de manera tan lenta que es imperceptible a simple vista. Los planetas, en cambio, muestran desplazamientos notorios en cuestión de días, por eso destacan frente al resto.

Otra pista para reconocerlos es el titileo. Las estrellas, al ser fuentes de luz puntuales a distancias inmensas, parpadean mucho al atravesar su luz la atmósfera terrestre. Los planetas, al tener un tamaño aparente mayor, brillan de forma más estable. Son como luces fijas, intensas, que rara vez titilan salvo cuando están muy bajos en el horizonte.

A simple vista puedes identificar cinco: Mercurio, Venus, Marte, Júpiter y Saturno. Urano y Neptuno exigen telescopio y, aun así, son difíciles. Están tan lejos que apenas reflejan luz solar, y su brillo es débil.

¿Y Plutón? Bueno, recuerda que desde 2006 ya no se considera planeta. Pero incluso si lo fuera, observarlo o fotografiarlo desde la Tierra sería una tarea titánica: entre su tamaño diminuto y la distancia, lo único que verías sería un puntito sin rasgos que lo diferencie de una estrella débil.

Así que tus compañeros habituales serán Mercurio, Venus, Marte, Júpiter y Saturno. Los encontrarás siempre en la eclíptica, esa línea imaginaria que cruza el cielo de este a oeste y por la que también pasan el Sol y la Luna. Básicamente, es el plano del sistema solar, algo así como el «ecuador» de nuestra vecindad cósmica.

Ejemplo de la eclíptica proyectada en el firmamento. Se observa como las posiciones de Júpiter, la Luna, Urano y Saturno se ajustan a ella. Aclaración: la posición de todos estos cuerpos es para un lugar, día y hora concreta, por lo que solo tiene valor ilustrativo de cara a la explicación de la eclíptica.

Eso sí, recuerda que no siempre están visibles. Depende de su posición orbital. Habrá noches en las que puedas ver varios a la vez y otras en las que no veas ninguno. Mercurio y Venus, por ejemplo, unas veces aparecen justo antes del amanecer y otras justo después de la puesta de Sol, pero siempre estarán cerca del astro rey, así que su observación (especialmente la de Mercurio) puede llegar a ser complicada. Júpiter y Saturno, en cambio, pueden dominar el cielo durante meses, a veces muy cerca entre sí y otras en extremos opuestos.

Con el tiempo, los reconocerás casi de un vistazo. Y si al principio te parece complicado, tranquilo: en próximos capítulos aprenderás trucos para identificarlos fácilmente, aunque ya verás que la experiencia es el mejor maestro.

La Vía Láctea y las nubecitas brillantes

Lo más vital que debes tener en cuenta es que la experiencia cambia radicalmente según el lugar desde el que observes. Si vives en una ciudad mediana o grande, seguramente no seas capaz de ver más que unas pocas docenas de estrellas. La contaminación lumínica eclipsa la mayoría y deja visibles solo las más brillantes.

Pero si tienes la oportunidad de alejarte de las luces y buscar un cielo oscuro, el espectáculo se multiplica. Verás miles de puntos brillando y, en noches despejadas de verano en el hemisferio norte o de invierno en el sur, una gran franja blanquecina atravesando el cielo de norte a sur: la Vía Láctea. En realidad, lo que observas es el borde del brazo de Orión, el mismo en el que se encuentra nuestro sistema solar dentro de esta gigantesca galaxia espiral. Solo por contemplarla ya merece la pena cualquier escapada nocturna.

Y en esos cielos oscuros aparecerán también unas manchas difusas que, lejos de ser un fallo de tu vista, son auténticos objetos astronómicos. En el hemisferio norte, pueden distinguirse varios objetos a simple vista como la galaxia de Andrómeda; entre Perseo y Casiopea verás el doble cúmulo de Perseo, dos cúmulos estelares brillando como una nubecita difusa; en el hemisferio sur destacan las Nubes de Magallanes, dos galaxias satélite de la Vía Láctea que colorean el firmamento. Y, en verano en el norte (invierno en el sur), la región de Sagitario se convierte en un mosaico de cúmulos y nebulosas visibles incluso a simple vista siempre que estemos en un cielo oscuro y la vista entrenada.

Cómo orientarse en el cielo

Observar a ojo desnudo tiene otra ventaja: aprendes a orientarte. Saber dónde están los puntos cardinales y cómo encontrar referencias en el firmamento es una herramienta básica para todo astrónomo aficionado.

Lo primero es localizar los puntos cardinales: norte, sur, este y oeste. El Sol, la Luna, los planetas y las estrellas salen por el este y se ponen por el oeste. Así que, si te encuentras al atardecer y te giras de modo que el Sol quede a tu izquierda, tendrás el norte de frente, el este a tu derecha, el sur a tu espalda y, a tu izquierda, evidentemente, el oeste.

Si ya es noche cerrada y no sabes por dónde se ha puesto el Sol, tendrás que guiarte por las estrellas. Y sí, soy plenamente consciente de que tu *smartphone* tiene brújula, pero ahora mismo lo que estamos aprendiendo es a hacerlo de la forma más analógica y rudimentaria posible, como se ha hecho toda la vida.

En el hemisferio norte, tu mejor aliada es Polaris, la Estrella Polar. Mucha gente cree erróneamente que es la más brillante, pero no: su luz es moderada y, además, está aislada de grandes grupos de estrellas. Lo que la hace única es que es la única estrella cuya posición no cambia durante la noche. Eso se debe a que está alineada con el eje de rotación de la Tierra.

Mirando directamente a Polaris el tiempo suficiente, veremos cómo todo el firmamento gira en sentido antihorario sobre ella. Este es el fenómeno que permite sacar esas fotografías tan espectaculares a las que llamamos circumpolares.

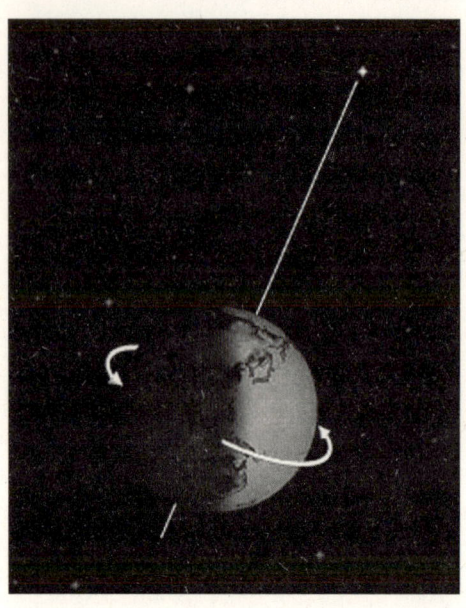

Ilustración que muestra el eje de rotación
terrestre alineado con la Estrella Polar.

Polaris tiene otro truco: su altura sobre el horizonte indica tu latitud. Si estás en Cádiz y apuntas un láser hacia ella[1], medirás un ángulo de unos 36º respecto al suelo: la latitud de Cádiz. En Madrid, unos 40º. En el Polo Norte, la verás en la vertical o cenit, a 90º. En el Polo Sur, directamente bajo tus pies. Este método fue durante siglos el GPS de los navegantes, que usaban un sextante para medir ese ángulo y saber si estaban más al norte o más al sur.

¿Cómo localizarla? Tienes dos métodos. El primero, la Osa Mayor. Busca el «cazo» y fíjate en las dos estrellas exteriores del recipiente. Traza una línea recta entre ellas y prolonga esa distancia unas cinco veces hacia arriba. Allí encontrarás a Polaris, discreta pero inconfundible cuando sabes dónde mirar.

---

1   Nunca apuntes a personas, animales o aeronaves con un láser. Recuerda que el uso de este instrumento está directamente prohibido en varios países debido a su peligrosidad. No es un juguete.

Localización de Polaris con la Osa Mayor.

El segundo método es usar Casiopea. Según la época del año, la verás como una M o como una W. El vértice central de esa figura actúa como una flecha que apunta a Polaris. No es tan directo como con la Osa Mayor porque no hay una medida exacta de distancias, pero resulta útil cuando la Osa Mayor está baja u oculta tras algún obstáculo.

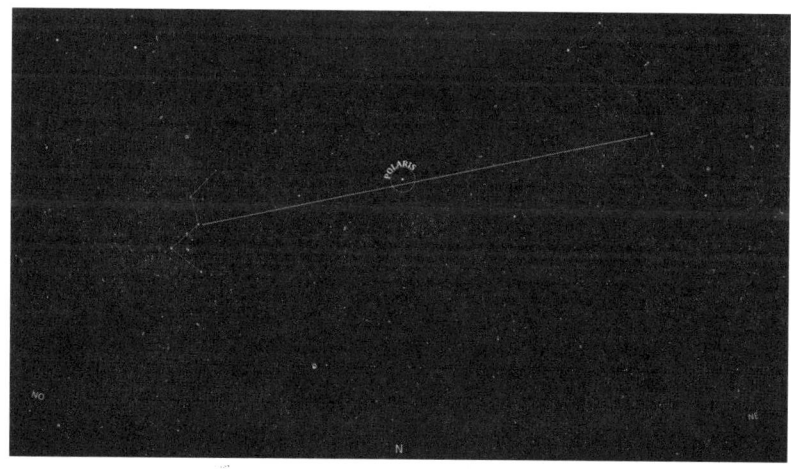

Localización de Polaris con Casiopea y la Osa Mayor.

¿Y sirve este truco en cualquier momento del año? Sí. La Osa Mayor y Casiopea son constelaciones circumpolares: están tan cerca del polo celeste que nunca se ponen. Eso significa que, aunque cambien de posición a lo largo de las estaciones, siempre estarán visibles en el cielo del hemisferio norte, revoloteando alrededor de Polaris como compañeras de viaje.

Junto a ellas, hay otras constelaciones circumpolares: la Osa Menor (de la que forma parte Polaris), Cefeo, Dragón (Draco) y Jirafa (Camelopardalis).

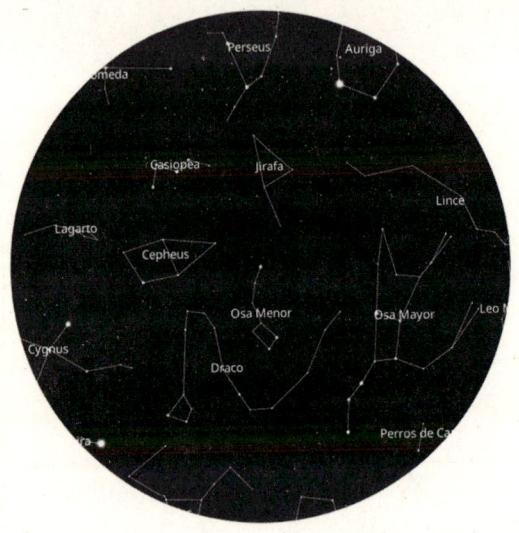

Constelaciones circumpolares boreales.

En el hemisferio sur, la cosa cambia. Aquí debemos situarnos mirando hacia el sur en lugar de hacia el norte. Técnicamente, también existe una estrella que señala el polo sur celeste, conocida como Sigma Octantis o Polaris Australis, pero a diferencia de la Estrella Polar del hemisferio norte, es tan débil que apenas se distingue a simple vista. De hecho, es tan difícil de reconocer que resulta inútil para orientarse sin instrumentos. Por eso, los observadores australes recurren a un recurso mucho más práctico y fiable: la Cruz del Sur (Crux).

Esta constelación es pequeña pero inconfundible. Sus cuatro estrellas principales forman una cruz muy característica, fácil de distinguir una vez que te acostumbras a verla. Para usarla como brújula celeste, basta con trazar una línea imaginaria que prolongue el eje mayor de la cruz —es decir, la distancia entre sus dos estrellas más alejadas— unas cuatro veces y media hacia la base de la cruz. Al final de esa línea invisible, en un punto aparentemente vacío, se encuentra el polo sur celeste.

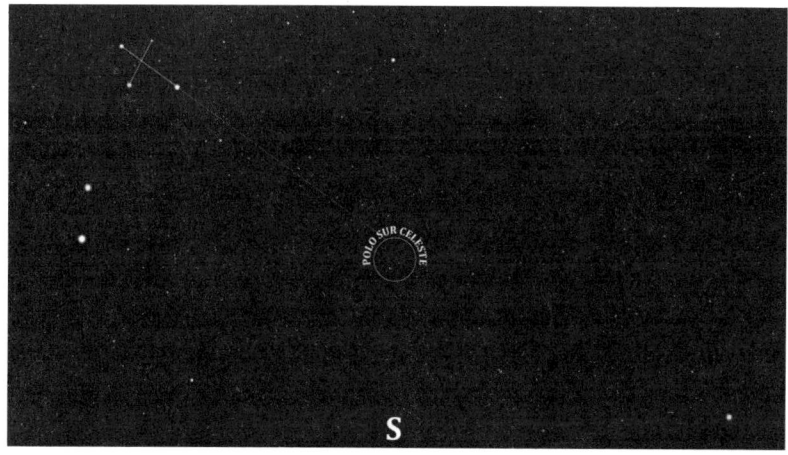

Y claro, puede que pienses: «Vale, pero si no hay ninguna estrella brillante en el polo sur, ¿cómo sé que no me estoy equivocando de cruz?». Buena pregunta. El cielo austral es tan rico en estrellas que no es raro confundirse con asterismos parecidos. Ahí entran en juego los Punteros: dos estrellas muy brillantes, Alfa y Beta Centauri, que señalan de manera clara hacia la Cruz del Sur. Si ves la cruz acompañada de estos dos faros celestes, no hay pérdida: has encontrado la constelación correcta.

Una vez localizada la Cruz del Sur, ya tienes tu referencia. Igual que en el hemisferio norte Polaris te indica el norte, aquí la prolongación de la cruz te llevará siempre al sur celeste.

Y, al igual que ocurre con la Osa Mayor o Casiopea en el norte, la Cruz del Sur es una constelación circumpolar, lo que significa que está visible durante todo el año, aunque gire alrededor del polo y cambie de orientación según la época y la hora de la noche.

Junto a ella hay otras constelaciones circumpolares australes que se convierten en compañeras habituales de observación: el Octante, el Camaleón, el Tucán, la Mosca y parte del Centauro. No son tan espectaculares como la Cruz, pero están siempre ahí, cerca del polo sur celeste.

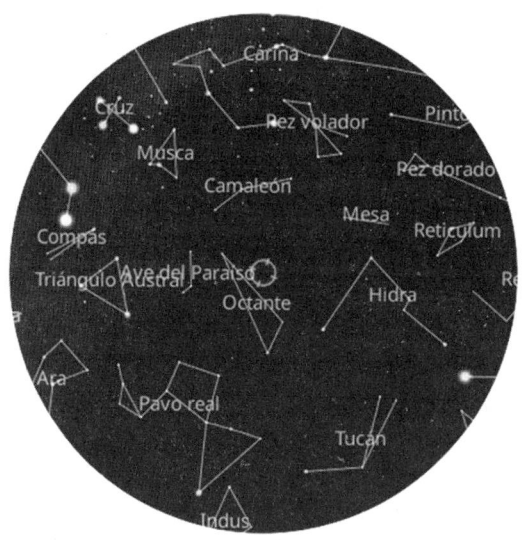

Imagen representativa de las constelaciones circumpolares. Se ha resaltado en el centro la ubicación exacta de Polaris Australis.

TUS PRIMERAS CONSTELACIONES

Ahora que ya sabes localizar los puntos cardinales gracias a la estrellas, llega lo divertido: empezar a reconocer constelaciones. En esta parte del libro no vamos a hacer un recorrido profundo por el firmamento, eso ya lo haremos en el siguiente capítulo, cuando hablemos de cómo cambia el firmamento a lo largo del año con el paso de las estaciones. El objetivo ahora es que seas capaz de reconocer unas cuantas constelaciones básicas que podrás identificar casi cualquier noche y que te servirán como referencia inicial para leer el cielo.

Visible desde ambos hemisferios y predominante en el cielo invernal del hemisferio norte encontramos a Orión, el gran cazador. Es complicado confundirla, una gran figura en forma de reloj de arena cuya parte más estrecha son tres brillantes estrellas que conforman el famoso «Cinturón de Orión». De color rojo anaranjado y en una de las esquinas de la constelación está Betelgeuse, una supergigante roja y, en el lado opuesto, Rigel, una supergigante azul.

Junto a Orión se encuentra la constelación de Tauro, formada por dos cúmulos estelares abiertos: las Híades y las Pléyades. Las Híades forman una gran V (la cabeza del toro), y entre todas sus estrellas destaca Aldebarán, una gigante roja que realmente no forma parte del cúmulo de Híades, pero desde nuestra perspectiva parece que sí. Las Pléyades forman la cola del toro. Se trata de un cúmulo de varias estrellas entre las que destacan siete, las siete hermanas que Orión quiere raptar y que están siendo protegidas por Zeus, convertido en un toro gigante que lucha ferozmente contra el cazador.

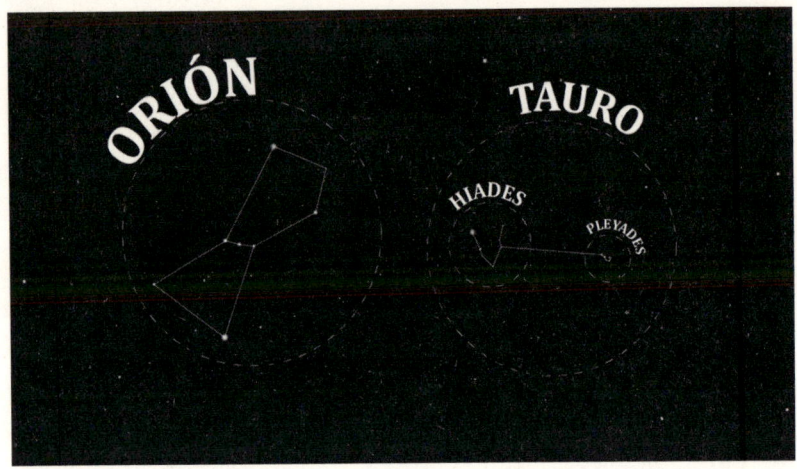

Representación de las constelaciones de Orión y Tauro. Se indican los dos cúmulos que forman la constelación del toro: las Híades y las Pléyades.

Orión va acompañado por el Gran Perro, su fiel compañero de caza que le cubre la retaguardia. Esta constelación, Canis Major, es reconocible por su estrella principal: Sirio, la estrella más brillante de todo el firmamento. Es fácil reconocer el cuerpo, la cola y las patas del perro, pero para ver las tres estrellas que forman la cabeza se necesita de un cielo oscuro.

Más arriba está Géminis. Las cabezas de los gemelos con las estrellas Cástor y Pólux, de ellas parten dos figuras gemelas que parecen darse la mano. Con estas tres constelaciones, visibles durante el invierno del hemisferio norte y el verano austral, ya tienes un gran punto de partida.

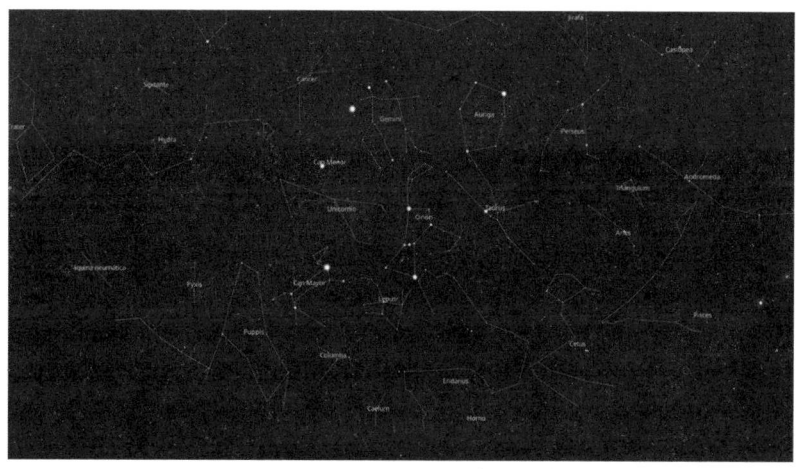

Principales constelaciones del cielo de invierno boreal / verano austral.

Con seis meses de diferencia, en el verano del hemisferio norte y el invierno del sur, nuestra atención se centra en Escorpio y Sagitario. Escorpio dibuja una curva elegante con una estrella roja en el centro, Antares, que simula el corazón del escorpión. Sagitario, justo al lado, recuerda a una tetera inclinada. Esta región del cielo es especial porque apunta directamente hacia el centro de la Vía Láctea, una zona plagada de cúmulos y nebulosas. Si te encuentras bajo un cielo oscuro, notarás que aquí la franja blanquecina de la galaxia se ensancha y brilla con más fuerza que en ningún otro punto: es el núcleo de nuestra galaxia, donde se encuentra el agujero negro supermasivo Sagitario A*.

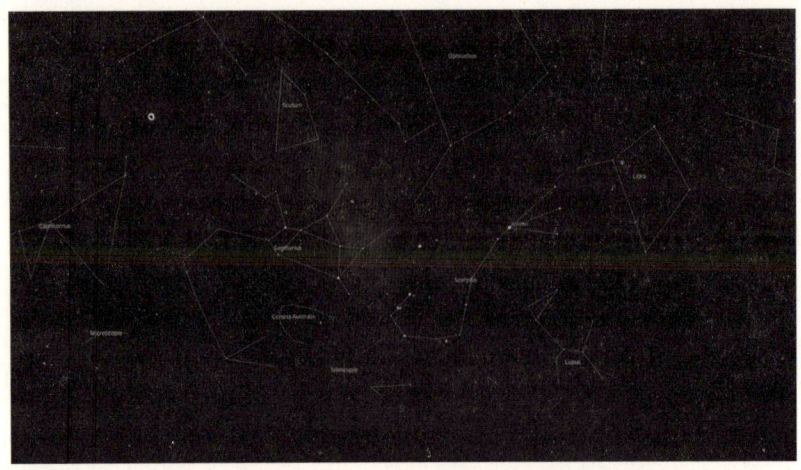

Vista de las constelaciones del núcleo galáctico. Se observa
el ensanche de la Vía Láctea en el firmamento.

Todas estas constelaciones son visibles prácticamente desde
todo el planeta, salvo que vivamos muy al norte o muy al sur,
pero existen algunas figuras exclusivas de uno de los dos hemisferios y que predominan en el firmamento.

En el hemisferio norte, por ejemplo, durante los meses de
verano el firmamento está presidido por el gran «Triángulo de
verano», una enorme figura triangular cuyos vértices son tres
estrellas pertenecientes a tres constelaciones distintas: Vega (en
Lira), Deneb (en Cisne) y Altair (en Águila). De las tres, probablemente la más fácil de reconocer es el Cisne. Deneb es el cuerpo del cisne, estrella de la cual sale su cola, sus alas y su cuello.
El pico del Cisne es Albireo, que ubicada a simple vista aproximadamente en el centro del Triángulo de verano nos dará una
grata sorpresa si la observamos por el telescopio, ya que veremos
que se trata de un sistema binario formado por una gigante roja
y una gigante azul.

Representación del Triángulo de Verano
formado por Vega, Altair y Deneb.

El cielo austral, además de la Cruz del Sur como referencia permanente, ofrece una joya que no pasa desapercibida: Carina, la quilla de la antigua constelación de Argo Navis. Allí brilla Canopus, la segunda estrella más brillante del cielo, visible como un faro blanco que rivaliza con Sirio. Para los observadores australes, Canopus es una guía tan imprescindible como Polaris lo es en el norte.

Y no podemos olvidar dos maravillas exclusivas del hemisferio sur: las Nubes de Magallanes. Son dos galaxias satélite de la Vía Láctea, visibles a simple vista como nubecillas aisladas en el cielo oscuro. Su sola visión basta para recordarnos que nuestra galaxia no está sola, sino acompañada por estas pequeñas vecinas.

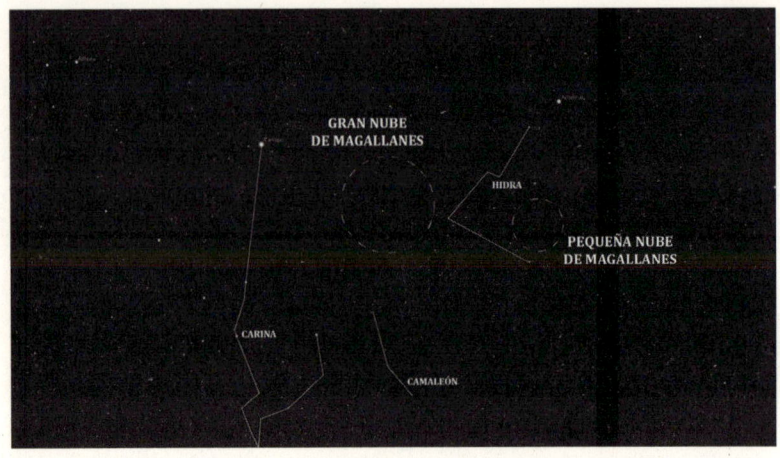

Vista de las Nubes de Magallanes junto con las
constelaciones de Carina, el Camaleón y la Hidra.

Por último, merece la pena fijarse en las constelaciones zodiacales, porque tienen algo en común: todas se encuentran sobre la eclíptica, esa franja celeste por la que se mueven el Sol, la Luna y los planetas, por lo que también son visibles desde ambos hemisferios.

Reconocerlas es sencillo si ya sabes localizar la eclíptica. En invierno (hemisferio norte), por ejemplo, aparece Capricornio; en primavera, Virgo y Leo; en verano, Escorpio y Sagitario; en otoño, Piscis y Aries. Aprender a ubicarlas te ayudará a entender cómo se mueve y cambia el cielo a lo largo del año.

Con Orión y sus constelaciones vecinas, las Pléyades y Aldebarán en Tauro, Sirio en Canis Major, Escorpio y Sagitario, el Triángulo de Verano, Carina con Canopus y las Nubes de Magallanes, las zodiacales como referencia en la eclíptica y las circumpolares, ya tienes un mapa inicial para empezar a leer el cielo desde hoy mismo. No necesitas memorizarlo todo de golpe: basta con que una noche reconozcas una de estas figuras y la uses como punto de partida. El resto vendrá poco a poco, como cuando aprendes a moverte por una ciudad y de pronto descubres que ya no necesitas un mapa porque las calles se han convertido en lugares familiares.

Capítulo 3

EL CALENDARIO DEL CIELO

ESTACIONES, FASES LUNARES Y PLANETAS. ENTIENDE
CÓMO CAMBIA EL CIELO A LO LARGO DEL MES Y DEL AÑO.

EL CIELO COMO RELOJ Y CALENDARIO

Cuando comenzaste a leer este libro, quizás pensabas que el cielo era inmutable, que cada noche se veían las mismas estrellas y que, a su vez, estas estaban fijas en la misma posición durante toda la noche.

Comprender el movimiento del firmamento radica en entender cómo nos movemos nosotros, y aunque es cierto que con el paso de milenios el cielo cambia, las variaciones que podemos percibir en una vida humana solo se dan por el movimiento de nuestro planeta sobre sí mismo y alrededor del Sol.

Para simplificarlo, vamos a obviar el hecho de que toda la galaxia se mueve y vamos a pensar que las estrellas están siempre fijas en el mismo punto. De este modo, no es que el Sol, la Luna, los planetas y las estrellas se muevan, solo nos movemos nosotros.

Esta visión geocentrista es incorrecta, pero nos sirve para entender cómo se mueve el cielo a lo largo de una sola noche. Rápidamente vamos a adoptar el modelo heliocentrista y entenderemos por qué los planetas cambian de posición relativa tras el paso de unas pocas noches o por qué la Luna está un día en concreto y a una hora determinada en un lugar y, un par de días más tarde, en otro punto del firmamento.

Con la visión ampliada del modelo heliocentrista, entenderás cómo cambian las constelaciones a lo largo del año y aprenderás a predecir el cambio de estaciones simplemente mirando el cielo tal y como hacían nuestros antepasados. Al terminar este capítulo sabrás leer el calendario celeste, por lo que podrás planificar tus sesiones de observación y astrofotografía teniendo en cuenta todos aquellos aspectos condicionantes (lugar de observación, constelaciones y planetas visibles y fase lunar).

LOS MOVIMIENTOS TERRESTRES

La Tierra está sometida a distintos movimientos en referencia al Sol: rotación, traslación, nutación, precesión, bamboleo de Chandler... Pero en la práctica, como astrónomos aficionados, solo nos importan los dos primeros.

La rotación es el movimiento que realiza nuestro planeta sobre sí mismo. Su eje de rotación es el que está alineado con Polaris y Polaris Australis, algo que ya hemos visto en el capítulo anterior. Este movimiento es el responsable de que veamos a los astros moverse a lo largo de un día.

La Tierra rota de oeste a este, es decir, si fueses la Estrella Polar y mirases a la Tierra «desde arriba», verías que esta gira en sentido contrario a las agujas del reloj, lo que desde la Tierra provoca que el firmamento se mueva de este a oeste, es decir, los astros salen por el este y se ponen por el oeste.

Esto significa que, al igual que el Sol amanece por el este y, hacia el final del día lo vemos cerca del oeste, las constelaciones que al principio de la noche están en el este, al final de la noche se encontrarán en el oeste. Asimismo, si una constelación, un planeta o la misma Luna se encuentran en el oeste al principio de la noche, tras unas pocas horas ya no serán visibles porque se habrán ocultado tras el horizonte.

El movimiento de traslación es el que realiza nuestro planeta alrededor del Sol. Este movimiento, junto a la inclinación de 23° que tiene el eje de rotación de la Tierra, es el responsable del paso de las estaciones.

La traslación también es responsable de que, por ejemplo, podamos observar a Orión durante el invierno boreal pero no durante el verano boreal. Y es que cada estación tiene su propio cielo. Existen dos cielos principales: el cielo de verano y el cielo de invierno. Los cielos de primavera y otoño son lo que llamamos cielos de transición, los cuales están dominados durante la primera mitad de la noche por constelaciones del cielo anterior y durante la segunda mitad por constelaciones del cielo siguiente.

Ejemplo: durante el otoño boreal, al comienzo de la noche verás constelaciones típicas del verano (Sagitario, Lira, Cisne...) y durante la segunda mitad de la noche constelaciones típicas del invierno boreal (Tauro, Orión, Canis Major...).

Lo interesante es que realmente esas constelaciones siempre están ahí aunque no podamos verlas, lo que ocurre es que, debido a nuestra posición relativa al Sol durante el verano, las constelaciones del invierno son visibles durante el día y viceversa.

La observación de los planetas viene regida por ambos movimientos —rotación y traslación—, solo que a estos movimientos de nuestro planeta también se suma el movimiento de traslación del resto de planetas. Es un baile cósmico en el que, dependiendo de nuestra posición alrededor del Sol y la posición del resto de planetas alrededor del Sol, podemos verlos o no.

Visibilidad de constelaciones

Oficialmente, la Unión Astronómica Internacional reconoce 88 constelaciones en el firmamento. De las 88, entre 40 y 50 son visibles solo desde el hemisferio sur; entre aproximadamente 25 y 30, solo desde el hemisferio norte y el resto (una parte intermedia) son visibles desde ambos hemisferios. Aunque su altura y visibilidad varían mucho en función de si te encuentras muy al norte o muy al sur.

En esos grupos exclusivos de cada hemisferio se encuentran las constelaciones circumpolares (las que giran alrededor del polo celeste y nunca se ponen), que ya comentamos en el capítulo 2 de este libro.

Otoño (hemisferio norte) Primavera (hemisferio sur)

Cuando llega el otoño en el hemisferio norte (y la primavera en el sur), el cielo empieza a —despedirse de las constelaciones veraniegas y a preparar la llegada del invierno. Es un cielo de transición muy interesante.

Constelaciones principales

— Pegaso: su famoso cuadrilátero es fácil de reconocer, como una ventana en el cielo. Desde cielos oscuros, conecta directamente con Andrómeda.

— Andrómeda: sus estrellas se alinean formando una cadena que se extiende desde Pegaso. Allí se encuentra la galaxia de Andrómeda (M31), visible como una mancha difusa a simple vista.

— Piscis: una constelación zodiacal poco brillante, pero situada sobre la eclíptica.

— Aries: otra zodiacal muy sencilla, apenas son tres estrellas sin mucho más que destacar.

— Cetus (la Ballena): una constelación extensa y con estrellas moderadamente brillantes. Alberga Mira, una estrella variable famosa por sus cambios de brillo.

Representación de las principales constelaciones
del otoño boreal / primavera austral.

Constelaciones acompañantes

— Triángulo (Triangulum): pequeña pero importante, porque en ella está la galaxia M33.

— Perseo: aparece hacia el noreste, con Algol, la estrella endemoniada, como estrella variable destacada.

— Camelopardalis, la Jirafa: extensa pero poco llamativa, se eleva sobre el horizonte norte.

— Fénix, Erídano y Escultor (visibles mejor desde el hemisferio sur en primavera): son constelaciones débiles, pero marcan una zona del cielo con varias galaxias interesantes por telescopios.

Circumpolares y exclusivas

— En el norte, siguen presentes las circumpolares: Osa Mayor, Osa Menor, Casiopea, Cefeo, Draco y Camelopardalis.

—En el sur, además de la Cruz del Sur (Crux), empiezan a ganar altura constelaciones australes como Phoenix, Tucana, Grus, Sculptor y Eridanus, que serpentea largamente hacia el horizonte.

Evolución nocturna

Al principio de la noche, Pegaso y Andrómeda dominan el cielo alto hacia el este. A medianoche están en lo más alto, y hacia el amanecer se deslizan hacia el oeste. Durante esas horas, las constelaciones del invierno (Orión, Tauro, Géminis) empiezan a asomar por el este, preparando el relevo para la estación siguiente.

INVIERNO BOREAL / VERANO AUSTRAL

El invierno en el hemisferio norte (y el verano en el sur) trae consigo el cielo más fácil de reconocer y probablemente el más agradecido para quienes empiezan. Es la época de Orión, y con él se despliega un conjunto de constelaciones brillantes que forman una especie de «gran cuadro de invierno».

Constelaciones principales

—Orión: el cazador, inconfundible por su cinturón de tres estrellas alineadas. En su interior está la famosa Nebulosa de Orión (M42). Betelgeuse y Rigel marcan sus extremos con colores contrastantes (rojo y azul).

—Tauro: con Aldebarán y los cúmulos de las Híades y las Pléyades (M45), este toro celeste parece enfrentarse a Orión.

—Géminis: con Cástor y Pólux, los gemelos que se elevan sobre Orión.

—Canis Major: alberga a Sirio, la estrella más brillante del cielo. El resto del perro se distingue fácilmente desde lugares oscuros.

— Canis Minor: más discreto, pero reconocible por su estrella principal, Procyon, que junto a Betelgeuse y Sirio forma el Triángulo de Invierno.

— Auriga: con Capella, una estrella amarillenta muy brillante visible sobre Orión.

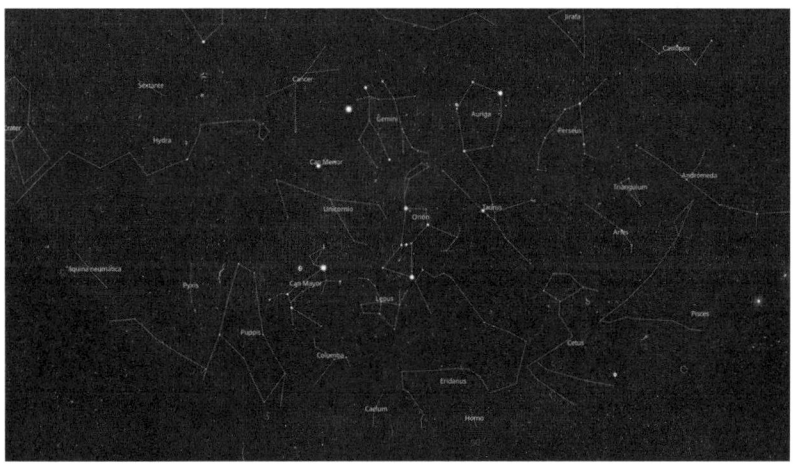

Principales constelaciones del invierno boreal / verano austral.

Constelaciones acompañantes

— Monoceros: discreta y situada entre Orión y Canis Major, interesante para telescopios porque contiene varias nebulosas.

— Lepus (la Liebre): justo debajo de Orión, poco brillante pero simpática como referencia.

— Eridano: el río celeste, que serpentea desde cerca de Orión hasta muy al sur (visible en toda su extensión solo desde el hemisferio sur).

— Columba (la Paloma): al sur de Canis Major, mejor vista desde el hemisferio austral.

Circumpolares y exclusivas

—En el norte, las circumpolares siguen presentes: Osa Mayor, Casiopea, Draco y compañía, acompañando este cielo estacional.

—En el sur, además de la Cruz del Sur (Crux) y Centaurus, el verano austral ofrece joyas como Carina, con la brillante Canopus (segunda estrella más brillante del cielo). Junto a Carina, las constelaciones de Vela y Puppis —remanentes de la antigua constelación Argo Navis— ofrecen un espectáculo cargado de cúmulos abiertos y nebulosas.

Evolución nocturna

—Al principio de la noche, Orión y Tauro asoman por el este, preparando el espectáculo.

—A medianoche, Orión está en lo más alto del cielo, acompañado por Tauro y Can Major. Es el momento perfecto para observar las Pléyades, Sirio y la Nebulosa de Orión.

—Al final de la noche, Orión ya desciende hacia el oeste, y las constelaciones de la primavera (Leo, Virgo, Bootes) empiezan a despuntar por el este.

PRIMAVERA BOREAL / OTOÑO AUSTRAL

La primavera en el hemisferio norte (y el otoño en el sur) transforma el cielo nocturno en un enorme escaparate de galaxias. El llamado «Reino de las Galaxias» está en su punto álgido en esta época. Aunque las figuras estelares no sean tan llamativas como las de invierno, aquí se encuentran algunas de las constelaciones más importantes para entender cómo se mueve el cielo.

Constelaciones principales

— Leo (el León): fácilmente reconocible por su forma de hoz o «signo de interrogación invertido», con Régulo como estrella principal. Bajo cielos oscuros, en Leo, abundan galaxias como M65, M66 y NGC 3628, que forman el famoso «Triplete de Leo».

— Virgo (la Virgen): gran constelación del zodiaco, reconocible por Espiga (Spica). Alberga el cúmulo de galaxias de Virgo, una auténtica mina de objetos para telescopios.

— Bootes (el Boyero): con Arcturus, una de las estrellas más brillantes del cielo, visible como un faro naranja hacia el este.

— Corvus (el Cuervo): pequeña, pero fácil de identificar como un trapecio de estrellas cercano a Virgo.

— Hydra (la Hidra): la constelación más larga de todas, que serpentea a lo largo de gran parte del cielo. Aunque sus estrellas son tenues, es una referencia imprescindible.

Constelaciones acompañantes

—Coma Berenices: discreta pero llena de galaxias y con un bello cúmulo abierto visible a simple vista bajo cielos oscuros.

—Canes Venatici (los Perros de Caza): pequeña, bajo Bootes, con la galaxia Whirlpool (M51) como joya destacada.

—Libra: constelación zodiacal que comienza a asomar en esta época, marcando el paso hacia el cielo veraniego.

—Serpens y Ofiuco: ya visibles al final de la noche, anticipan el espectáculo de Sagitario y Escorpio en verano boreal.

En el hemisferio sur, además de estas constelaciones comunes, son muy visibles:

—Centaurus: brillante y dominante, con las estrellas Alfa y Beta Centauri (los Punteros de la Cruz del Sur).

—Cruz del Sur (Crux): sigue siendo referencia fundamental para orientarse.

—Musca (la Mosca): pequeña pero junto a la Cruz del Sur, lo que facilita identificarla.

—Cráter y Sextans: constelaciones débiles pero presentes en cielos australes en esta época.

Circumpolares y exclusivas

—En el norte, permanecen como telón de fondo las circumpolares: Osa Mayor, Casiopea, Cefeo, Draco... Osa Mayor está especialmente bien posicionada en primavera, alta en el cielo boreal, lo que facilita usarla como referencia.

—En el sur, Centauro y Crux se encuentran casi en su punto álgido, dominando buena parte del cielo otoñal. Junto a ellas aparecen constelaciones australes menos conocidas como Volans (el Pez Volador) y Chamaeleon (el Camaleón).

Evolución nocturna

— Al principio de la noche, Leo y Virgo están en el este.

— A medianoche, Leo y Bootes se elevan alto en el cielo, mientras Virgo se desplaza hacia el sur.

— Al final de la noche, el horizonte este comienza a llenarse con Escorpio y Sagitario, anunciando la llegada del verano boreal (invierno austral).

VERANO BOREAL / INVIERNO AUSTRAL

El verano en el hemisferio norte (y el invierno en el sur) es la época en la que la Vía Láctea se despliega en todo su esplendor. Cruza el cielo como una ancha franja lechosa repleta de cúmulos, nebulosas y estrellas. En su corazón, hacia Sagitario y Escorpio, se encuentra el centro galáctico, un espectáculo difícil de igualar.

Constelaciones principales

— Escorpio (Scorpius): una de las constelaciones más fáciles de reconocer por su forma de «gancho» o «S» en el cielo. En su centro brilla Antares, una supergigante roja que representa el corazón del escorpión.

— Sagitario (Sagittarius): justo al lado de Escorpio, se reconoce fácilmente por la famosa figura de la «tetera». En esta región se encuentra el núcleo de la galaxia, hogar del agujero negro supermasivo Sagitario A*.

— Aquila (el Águila): con la estrella Altair, uno de los vértices del Triángulo de Verano.

- Cygnus (el Cisne): con Deneb como estrella principal, su forma de cruz en el cielo se extiende a lo largo de la Vía Láctea.

- Lyra (la Lira): pequeña pero inconfundible, con Vega, otra estrella del Triángulo de Verano y una de las más brillantes del cielo boreal.

Constelaciones acompañantes

- Hércules: visible cerca del cenit en latitudes boreales, con su cúmulo globular M13.

- Ophiuchus (el Serpentario): se extiende entre Escorpio y Hércules, repleto de cúmulos globulares.

- Serpens (la Serpiente): dividida en Serpens Caput y Serpens Cauda, una constelación peculiar por su división.

- Delphinus (el Delfín) y Sagitta (la Flecha): pequeñas pero simpáticas, fáciles de reconocer en noches despejadas.

- Vulpecula (la Zorra Pequeña): tenue, pero con la Nebulosa Dumbbell (M27).

En el hemisferio sur, además de estas constelaciones compartidas, aparecen joyas exclusivas:

- Pavo (el Pavo Real): con su brillante estrella azul Peacock.

- Tucana: pequeña pero célebre porque alberga la Pequeña Nube de Magallanes.

- Indus (el Indio) y Grus (la Grulla): constelaciones australes bien visibles en invierno.

- Dorado: con la Gran Nube de Magallanes, otra galaxia satélite visible a simple vista como una nubecilla difusa.

Circumpolares y exclusivas

—En el norte, siguen presentes las clásicas circumpolares (Osa Mayor, Casiopea, Draco...). Durante el verano, la Osa Mayor empieza a descender hacia el oeste al anochecer, mientras que Casiopea asciende por el noreste.

—En el sur, la Cruz del Sur permanece siempre presente, acompañada de Centaurus y Carina, que completan uno de los cielos más bellos del planeta.

Evolución nocturna

—Al principio de la noche, Escorpio y Sagitario aparecen por el sureste, anunciando que el cielo veraniego está en marcha.

—A medianoche la Vía Láctea cruza todo el cielo: el Cisne en el norte, el Águila en el cenit y Sagitario-Escorpio dominando el sur.

—Al final de la noche, hacia el este, empiezan a despuntar las constelaciones otoñales (Pegaso, Andrómeda), que tomarán el relevo en la estación siguiente.

EL PLANISFERIO CELESTE: UNA HERRAMIENTA TAN ÚTIL COMO ANTIGUA

Ahora que ya conoces las constelaciones y cómo cambian con las estaciones, una herramienta que te puede ayudar muchísimo a reconocerlas es el planisferio. Es, básicamente, un mapa estelar en forma circular compuesto por dos discos superpuestos que giran entre sí.

En un disco están los meses y los días y, en el superior, las horas[2]. Al girar los discos y hacer coincidir la hora con el día deseado podrás ver qué constelaciones están visibles y en qué lugar del cielo. Eso sí, debes fijarte en que los planisferios se diseñan para una latitud concreta, por lo que cuanto más te alejes de la latitud objetivo del planisferio menos preciso será este. A modo de ejemplo, en Cádiz (36º N) puedes utilizar un planisferio hecho para Madrid (40º N). La predicción del planisferio será correcta para las constelaciones más cenitales, pero tendrá error en las constelaciones más bajas.

Existen planisferios comerciales muy baratos y duraderos, pero también los hay para descargar gratis en internet y montarlos tú mismo como manualidad. Si eres de los que prefieren lo digital, hay aplicaciones móviles que funcionan exactamente igual que un planisferio, aunque personalmente no te las recomiendo porque las pantallas rompen la adaptación de nuestros ojos a la oscuridad.

---

2   El planisferio funciona con hora UTC, por lo que dependiendo de tu huso horario tendrás que sumar o restar horas para configurarlo correctamente.

Lo interesante del planisferio es que te obliga a aprender a leer el cielo de manera natural, a girarlo en la dirección correcta, a localizar el horizonte y a relacionar figuras. Es un puente perfecto entre lo que has leído en este capítulo y lo que verás de verdad cuando levantes la vista al cielo.

El desfile de los planetas

Ya sabes que, aunque a lo largo del año las constelaciones vayan cambiando, los cambios son tan sutiles día tras día que parece que las estrellas no cambian de sitio de un día para otro. Los planetas, en cambio, sí que muestran un cambio aparente de posición tras el paso de pocos días. A simple vista se distinguen porque, a diferencia de las estrellas, su luz apenas presenta titileo y, además, porque cada noche están un poco más adelantados o atrasados respecto a las estrellas de su entorno que la noche anterior, de ahí que los griegos los llamasen *planētēs* (errantes).

Todos los planetas se mueven sobre la eclíptica, esa línea imaginaria que cruza el cielo de este a oeste y por el que circulan también la Luna y el Sol. La eclíptica no es más ni menos que el plano del sistema solar. Aunque cada planeta tiene más o menos inclinación en su órbita, ninguno de ellos tiene una inclinación excesiva, así que todos van bailando alrededor de ese plano; algunas veces desde nuestra perspectiva por arriba y, otras, por abajo.

Mercurio: el más difícil de cazar. Siempre cerca del Sol, se ve solo unos pocos días al año justo después de la puesta de Sol o justo antes del amanecer. Brilla bastante, pero se esconde rápido en la claridad. Es como ese invitado que llega a una fiesta, saluda y se va sin que te des cuenta.

Venus: inconfundible. Es el objeto más brillante del cielo tras el Sol y la Luna. Lo verás como «Lucero de la tarde» o «Lucero del alba», según si aparece después de la puesta de Sol o antes del amanecer. No titila y su luz es muy blanca.

Marte: reconocible por su tono rojizo-anaranjado. Su brillo cambia mucho: en las oposiciones (cuando la Tierra y Marte están alineados con el Sol) puede rivalizar con Júpiter; en otras épocas puede ser discreto y pasar desapercibido.

Júpiter: gigante y luminoso, imposible de confundir. A simple vista se ve como una estrella intensísima. Con unos prismáticos ya puedes distinguir sus cuatro lunas principales (Ío, Europa, Ganímedes y Calisto), alineadas como diminutos puntos de luz.

Saturno: menos brillante que Júpiter, pero igual de reconocible. Su luz es dorada y constante. A simple vista no puedes ver sus anillos, pero con un telescopio modesto la cosa cambia radicalmente.

Urano y Neptuno también se mueven por la eclíptica, pero son demasiado tenues para el ojo desnudo. Con el telescopio se ven como pequeños discos azulados o verdosos, sin más detalle. Plutón, desde 2006 reclasificado como plutoide, es directamente inalcanzable para el aficionado medio, incluso en telescopios grandes no es más que un puntito débil entre miles.

¿Cuándo se ven los planetas?

A diferencia de las constelaciones que siempre están asociadas a una estación concreta del año (Orión en invierno, Escorpio en verano…), los planetas no tienen una fecha fija en el calendario para aparecer.

La razón es simple: cada planeta gira alrededor del Sol en un tiempo distinto. Como nosotros también estamos girando, la combinación hace que los momentos de máxima visibilidad cambien de un año a otro.

— Mercurio y Venus, al estar más cerca del Sol, solo aparecen en el cielo poco antes del amanecer o poco después del atardecer. No se alejan demasiado del resplandor solar, pero repiten varias veces al año.

—Marte tarda casi 2 años en dar una vuelta completa, por eso cada oposición (cuando lo vemos más brillante y cercano) ocurre cada 26 meses. Una vez puede tocar en otoño, otra en invierno, otra en verano… va cambiando.

—Júpiter tarda unos 12 años en rodear al Sol. Eso significa que cada año lo veremos en una constelación diferente, desplazándose lentamente a través del zodiaco.

—Saturno va con más calma. Su órbita dura casi 30 años, así que permanece en una misma zona del cielo durante más de dos años antes de avanzar.

—Urano y Neptuno son todavía más lentos. Urano tarda 84 años en rodear al Sol y Neptuno 165, por lo que se quedan en la misma constelación durante varios años seguidos.

En otras palabras: mientras que las estrellas marcan las estaciones, los planetas son viajeros temporales. Hoy pueden cruzar Géminis, dentro de unos meses estar en Leo y, en un par de años, pasar por Escorpio.

Por eso, si te preguntas «¿en qué época se ve Júpiter?» la respuesta correcta es: depende del año.

La Luna, compañera de viaje

Ningún calendario del cielo estaría completo sin hablar de nuestra vecina más cercana: la Luna. Es el objeto celeste más fácil de observar y, al mismo tiempo, uno de los que más condiciona nuestras noches.

A simple vista, todos hemos visto cómo cambia de forma cada pocos días. Esas formas no son más que fases, resultado de la combinación del movimiento de la Luna alrededor de la Tierra y de la iluminación que recibe del Sol. En realidad, la Luna siempre está iluminada por el Sol en un 50 %, lo que ocurre es que desde la Tierra vemos más o menos de esa parte iluminada dependiendo de la posición relativa de ambos cuerpos.

La Luna tarda 29,5 días en completar una órbita alrededor de la Tierra. A ese periodo lo llamamos ciclo lunar o mes sinódico. Dividiendo el ciclo lunar en cuartos nos quedan las siguientes fases lunares:

— Luna nueva: cuando se sitúa entre la Tierra y el Sol. Su cara iluminada queda de espaldas a nosotros, así que prácticamente desaparece del cielo nocturno. Es el mejor momento para observar objetos débiles como galaxias y nebulosas, porque la oscuridad es total.

— Cuarto creciente: la Luna se eleva aproximadamente al atardecer y se pone más o menos a medianoche. Es ideal para observarla con telescopio, porque la luz rasante del Sol marca muy bien los cráteres y las montañas. En el hemisferio norte decimos que la Luna es mentirosa, porque cuando está creciente tiene forma de D (decreciente), mientras que cuando está menguante, tiene forma de C (creciente). Lo bueno de esto es que desde el hemisferio sur no pasa, en el hemisferio austral la Luna toma la forma de la letra de su fase: C para creciente y D para menguante (decreciente).

— Luna llena: cuando la Tierra se sitúa entre el Sol y la Luna. La vemos como un disco redondo y brillante, espectacular a simple vista pero un estorbo para la observación del cielo profundo. Su luz es tan intensa que apaga muchas estrellas y objetos de cielo profundo. Tampoco es un buen momento para observarla, ya que la ausencia de sombras elimina toda la perspectiva del relieve y la observamos plana.

— Cuarto menguante: aparece hacia la medianoche y se ve hasta el amanecer. Igual que el cuarto creciente, sus relieves se ven con gran detalle gracias a la iluminación lateral. Acuérdate del truco de que la Luna miente en el norte.

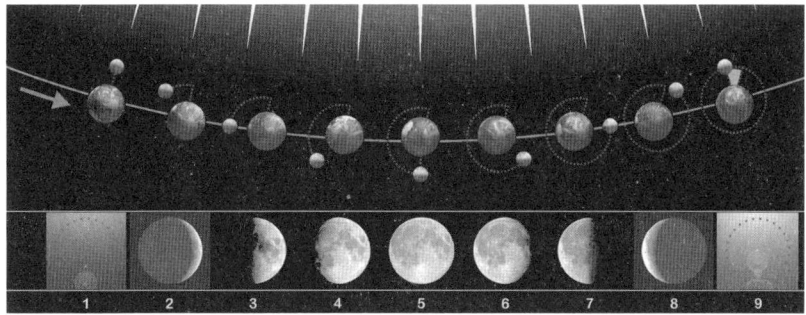

Dado que la Luna tarda menos de un mes en completar una vuelta a la Tierra, su posición respecto a las estrellas del fondo cambia muchísimo cada noche, esto significa que nunca debes tomarla como referencia para localizar constelaciones, planetas u objetos de cielo profundo, ya que la Luna hoy está *aquí* y mañana *allí*.

Parte II
INSTRUMENTOS DE OBSERVACIÓN

Capítulo 4

SOFTWARE ASTRONÓMICO: EL CIELO EN TU BOLSILLO

APLICACIONES Y PROGRAMAS QUE CONVIERTEN TU
MÓVIL Y ORDENADOR EN UN PLANETARIO

Lo sé, el capítulo anterior ha sido denso y con mucha información, pero era fundamental repasar las constelaciones para poder entrar ahora en la parte práctica.

Probablemente, uno de los mayores problemas que tengas es que, cuando sales una noche despejada a mirar el cielo, no sepas identificar casi ninguna constelación. Quizás la Osa Mayor, Orión o incluso Tauro estaban entre las que conocías, pero estoy convencido de que el recorrido que hemos hecho por el firmamento ha sido, cuando menos, abrumador. No te preocupes: a todos nos pasó lo mismo al iniciarnos en esta afición. La diferencia es que ahora tenemos una ventaja enorme que antes no existía: herramientas que caben en nuestro bolsillo y que podemos llevar en el *smartphone.*

En este capítulo te voy a hablar de distintos programas y aplicaciones que puedes (y deberías) empezar a usar para que todo sea más fácil, sobre todo al principio.

Algo que quiero recalcar es que NO recomiendo el uso de este tipo de aplicaciones cuando estés en el terreno. Sí, soy consciente de que parece incongruente, pero la luz que emite la pantalla de tu *smartphone* o tableta arruina por completo la adaptación de tus ojos a la oscuridad. El ojo humano tarda de 45 a 60 minutos en adaptarse por completo a la oscuridad y desarrollar al máximo su visión nocturna y cualquier fogonazo, por pequeño que sea, arruinará toda esa adaptación volviendo a poner el reloj a cero.

Evidentemente, al principio vas a tener que sacrificar esa adaptación y utilizar este tipo de aplicaciones para familiarizarte con el cielo, pero lo ideal es que dejes de utilizarlas lo antes posible, limitando su uso a la preparación y planificación de sesiones.

En próximos capítulos te enseñaré herramientas que puedes usar en el terreno y que no afectarán a tu visión nocturna. De esta forma podrás utilizar los programas y aplicaciones en casa para preparar la sesión y, una vez en el terreno, usar otras herramientas cuya utilización no afecte a tu visión nocturna.

SOFTWARE PLANETARIO

El primer gran aliado que vas a tener es una aplicación de planetario. Piensa en ellas como un mapa estelar interactivo: apuntas con tu móvil al cielo y la pantalla te muestra qué constelaciones y objetos tienes justo encima. Es como llevar un profesor particular que te susurra «esa estrella brillante es Vega» o «ese punto que no titila es Júpiter» o «justo ahí está la galaxia NGC 5907[3]».

La aplicación de este tipo más popular es Stellarium, un clásico de la astronomía *amateur* que empezó únicamente como *software* para PC y que hoy tiene también versión gratuita y de pago para móviles y tabletas. Lo bueno de Stellarium es que no se limita a mostrar las constelaciones: puedes avanzar en el tiempo, ver cómo cambiará el cielo en unas horas o incluso en meses, seguir la posición de los planetas, comprobar cuándo se oculta

---

3   El catálogo NGC es uno de los muchos catálogos de objetos celestes. En próximos capítulos aprenderás cuales son los principales, ya que no todos los objetos tienen nombre propio, la mayoría tienen por nombre su número de catálogo.

la Luna o cuándo será visible la Vía Láctea. Es, literalmente, una máquina del tiempo del firmamento.

Existen alternativas como SkySafari o Star Walk, con interfaces diferentes pero la misma idea: usar la brújula y el giroscopio del móvil para mostrarte en directo el cielo que tienes delante. La diferencia principal suele estar en el nivel de detalle: mientras que Stellarium es más «purista» y orientada a la planificación de observaciones, otras aplicaciones apuestan por gráficos más vistosos, lo cual puede ser útil si recién empiezas pero molesto cuando dejas de buscar «gráficos bonitos» y prefieres sencillez y claridad.

Mi recomendación es que instales Stellarium en tu ordenador, ya que la versión de escritorio es muchísimo más completa y potente que la aplicación móvil.

Con cualquiera de estas aplicaciones tendrás la herramienta necesaria para guiarte por el firmamento, identificar planetas y localizar objetos de cielo profundo como nebulosas, galaxias o cúmulos. De esta forma, cuando veas una de esas nubecitas brillantes del firmamento podrás apuntar tu móvil y descubrir qué objeto es. Quizás te lleves una grata sorpresa.

SOFTWARE DE TIPO PREDICTIVO

En este segundo bloque te voy a hablar de aplicaciones que te van a servir para predecir la observación de fenómenos, la fase de la Luna, las condiciones de observación, el paso de objetos como satélites o estaciones espaciales, etc.

Y para abrir el melón te traigo la que probablemente fue mi aplicación favorita cuando me inicié: ISS Detector.

ISS Detector

Quizás no lo sepas, pero es perfectamente posible observar a simple vista el paso de satélites artificiales, telescopios espaciales y estaciones espaciales. Estos objetos se ven como estrellas que aparecen de la nada, cruzan el cielo y desaparecen igual que aparecieron. Dependiendo de su tamaño y altura, estos objetos brillan más o menos y cruzan el cielo a más o menos velocidad. No es de extrañar que muchos no iniciados juren haber visto un OVNI cuando realmente solo habían visto el paso de la Estación Espacial Internacional.

ISS Detector es una aplicación gratuita que te permitirá predecir el paso, el brillo y la dirección de la Estación Espacial Internacional (ISS) y de la Estación Espacial China (la Tiangong). De hecho, la aplicación te avisará 5 minutos antes de que uno de estos objetos vaya a ser visible. Pero ojo, si pasas varios días sin abrirla, la aplicación dejará de mandar notificaciones hasta que vuelvas a abrirla.

Dispone de una versión pro que te avisará del paso de objetos como el telescopio espacial Hubble o los satélites Starlink de SpaceX.

Luna / Fases de la Luna

Te pongo los dos nombres porque para iOS se llama «Luna» y para Android «Fases de la Luna».

Esta aplicación gratuita no es más que un calendario lunar. Con ella podrás planificar tus observaciones a la perfección y con mucho tiempo de antelación dependiendo de si buscas tener la Luna visible o no. Para que te hagas una idea de uso, yo suelo planificar mis vacaciones con mucho tiempo de antelación y siempre intento cuadrar que no haya Luna para poder hacer sesiones de cielo profundo y que la luz de nuestro satélite natural no me afecte. Con esta aplicación puedo avanzar en el tiempo todo lo que quiera y reservar mis vacaciones en la fecha que me interese.

Good to Stargaze

Esta aplicación es muy interesante. Te indica en tiempo real si un lugar concreto es adecuado o no para observar. Para ello tiene en cuenta la meteorología, la contaminación lumínica, la fase de la

Luna, la humedad y el *seing*[4]. También te indica qué planetas están visibles e incluye un mapa de contaminación lumínica muy útil para buscar nuevos lugares de observación.

Space Weather Live

Si lo tuyo es observar el Sol[5] esta aplicación te va a encantar. Toma datos e imágenes de los principales observatorios solares y muestra en tiempo real la ubicación de las manchas solares, así como información de la actividad solar (llamaradas, eyecciones de masa coronal, agujeros coronales…).

---

4   Término utilizado en astronomía para referirse al efecto distorsionador de la atmósfera sobre las imágenes de objetos astronómicos.

5   La observación solar debe hacerse siempre con filtros solares homologados. Es una práctica que conlleva un riesgo alto de daño ocular permanente y no es aconsejable para jóvenes o principiantes.

Capítulo 5

CARTAS CELESTES: LOS MEJORES MAPAS DEL CIELO

CÓMO LEER Y APROVECHAR MAPAS ESTELARES EN PAPEL

Llegamos a uno de los capítulos más importantes de este libro. Hasta ahora hemos hecho un repaso del cielo a simple vista; hemos aprendido cómo se mueve nuestro planeta y, en consecuencia, cómo cambia el firmamento a lo largo de la noche y de las estaciones; hemos recorrido las principales constelaciones de cada época del año y de cada hemisferio, y hemos hablado de programas y aplicaciones que pueden echarnos una mano en nuestros primeros pasos.

Ahora estamos a las puertas de entrar en el terreno de los telescopios y otros instrumentos de observación que nos permitirán asomarnos al detalle de lejanas galaxias y espectaculares nebulosas. Pero de nada sirve tener un excelente telescopio si no sabemos localizar los objetos que queremos observar.

En este capítulo vas a conocer las cartas celestes, mapas del firmamento en papel tan precisos como útiles, que te guiarán entre las estrellas para encontrar cualquier objeto de cielo profundo que te propongas. Al finalizar esta parte del libro, podrás moverte por el cielo sin depender de aplicaciones móviles y aprovechando al máximo tu adaptación a la oscuridad. Eso sí, para sacarle todo el partido, es imprescindible que ya sepas reconocer algunas constelaciones a simple vista.

¿Qué son las cartas celestes?

Las cartas celestes son los mapas celestes más precisos que existen. Son la versión analógica de las aplicaciones y programas de tipo planetario que has conocido en el capítulo anterior. Su principal ventaja es que, al ser en papel, puedes utilizarlas con la ayuda de una linterna de luz roja para proteger tu visión nocturna.

En el capítulo 3 conocimos el planisferio celeste, un instrumento que nos permite conocer la ubicación de las constelaciones un día concreto, a una hora concreta y en un lugar concreto. La principal diferencia de las cartas celestes es que son atemporales y globales, sirven para cualquier día del año y para cualquier lugar del planeta, ya que su función no es mostrarnos la ubicación de las constelaciones, sino la ubicación de los objetos celestes dentro de las constelaciones.

Por simplificar, podemos decir que existen dos tipos de cartas: las globales y las exclusivas. Las cartas globales son mapas generales de todo el cielo en el que se nos muestran todas las constelaciones y estrellas hasta un límite de magnitud[6]. En dichos mapas se incluyen los objetos celestes (galaxias, cúmulos, nebulosas de emisión, nebulosas oscuras, nebulosas de reflexión...) de los principales catálogos.

Por otro lado, las cartas exclusivas son cartas que se hacen para un objeto concreto (normalmente cometas) que muestran el recorrido por el cielo de dicho objeto durante un intervalo de fechas determinadas.

---

6   La magnitud es la medida del brillo de una estrella u objeto celeste. Cuanto más baja sea la magnitud, más brillo tendrá el objeto. El Sol, por ejemplo, tiene una magnitud aparente de -26,74; Saturno -0,24. El ojo humano puede llegar a ver objetos a simple vista con una magnitud aparente de entre 6,5 y 7 aproximadamente dependiendo de las condiciones.

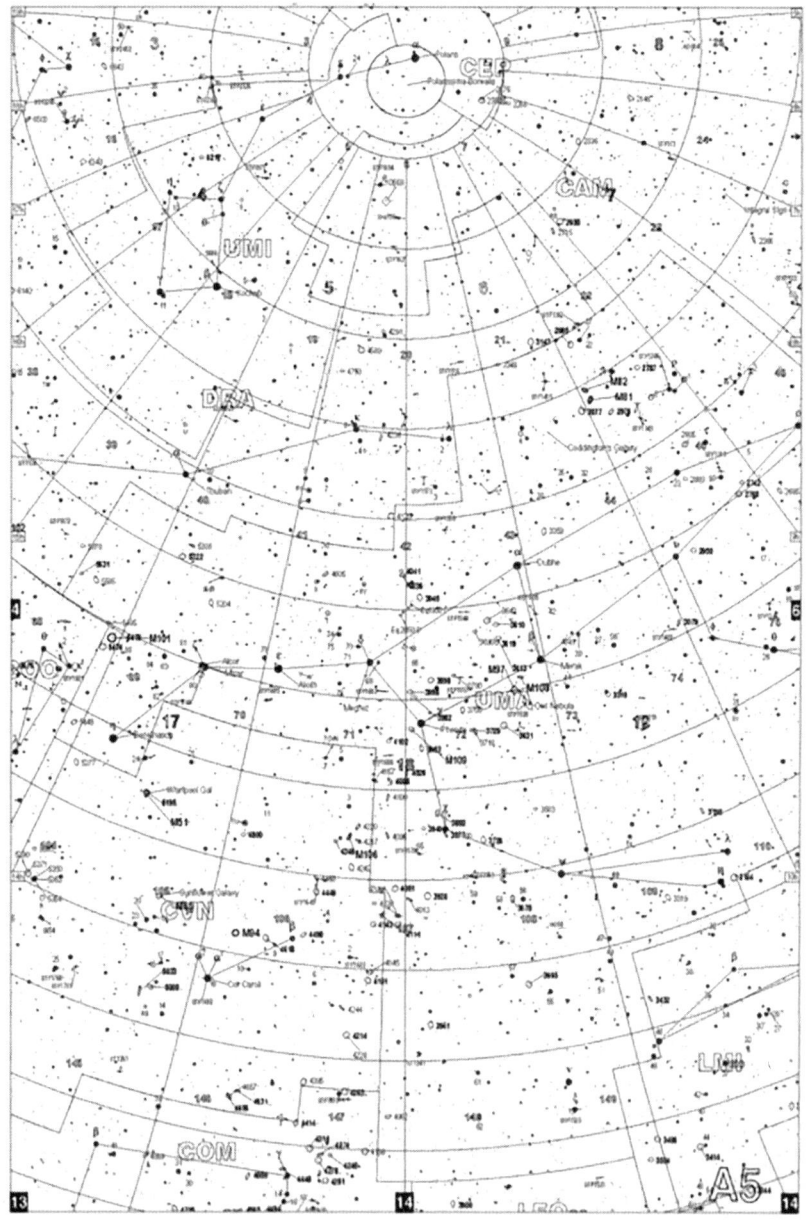

Cómo interpretar el mapa

La imagen que tienes en la página adyacente se corresponde con la quinta carta del proyecto TriAtlas A; cartas celestes diseñadas por José Ramón Torres y Casey Skelton. Son fácilmente localizables y descargables de internet.

Estas cartas tienen tres versiones: TriAtlas A, TriAtlas B y TriAtlas C. Cada una de estas versiones es más completa (y compleja de usar) que la anterior. Yo te recomiendo empezar por las TriAtlas A, ya que incluyen objetos de hasta magnitud 9, lo cual te dará para años de observación.

Las TriAtlas incluyen el cielo de todo el planeta, así que puedes utilizarlas en cualquier parte del mundo. Yo las tengo impresas en A4 y en A5 y, dependiendo de las necesidades (y espacio libre en el maletero) me llevo unas u otras.

Para poder leer las cartas TriAtlas debes fijarte en varios detalles que incluye la página. El primero se sitúa en la esquina inferior derecha. Puedes observar que se indica que esta carta es la A5; la A corresponde a la versión de las cartas (A, B o C) y el número corresponde a la página. Las TriAtlas A dividen todo el cielo en 25 páginas (A1-A25).

El segundo detalle que observar son los números que aparecen en las esquinas y márgenes de la carta. Esos números indican en qué página continúa esa parte del cielo; y es que si imprimes todas las cartas y las unes entre ellas siguiendo ese patrón de números formarías una esfera en cuyo interior te encontrarías tú: las dos bóvedas celestes unidas (hemisferio norte y hemisferio sur).

Fíjate que esta carta no tiene números en sus márgenes superiores. Eso se debe a que estas primeras cartas son las cartas más boreales, no hay cielo más al norte que representar. En ella puedes observar en la parte superior la ubicación de la estrella Polaris, de la que nace la Osa Menor identificada por la abreviatura UMI (Ursa Minor); según desciendes por la carta puedes ver parte de la constelación del Dragón, identificada por la abreviatura DRA (Draco); un poco más abajo puedes ver gran parte de la Osa Mayor identificada por la abreviatura UMA (Ursa Major). Te invito a que repases toda la carta e identifiques las constelaciones representadas en ella.

En la carta observarás también varios nombres de estrellas y, en especial, varios números. Cada uno de esos números se corresponde con un objeto estelar perteneciente a un catálogo concreto.

Algunos de esos números apuntan directamente a estrellas (identifican estrellas), pero otros apuntan a círculos y elipses. Un truco que te conviene saber es que, cuanto más gruesa sea la línea del círculo o la elipse, más brillante es dicho objeto.

Las TriAtlas utilizan un símbolo para identificar a cada tipo de objeto. Te voy a adelantar unos cuantos, pero el resto dejo que los descubras tú:

— Elipses: galaxias.

— Círculos: cúmulos estelares abiertos.

— Círculos con una cruz: cúmulos estelares globulares o cerrados.

— Rombo: nebulosa planetaria.

— Cuadrados: nebulosas brillantes.

Asimismo, estos símbolos estarán señalados por un número. Como ya te he comentado, cada uno de esos números se corresponde con un catálogo. Las TriAtlas incluyen objetos de varios catálogos (Messier, NGC, IC, STF...) pero yo te recomiendo que, al menos de primeras, solo te centres en los objetos Messier y los objetos NGC.

El Catálogo Messier es un catálogo compuesto por 110 objetos entre los que se incluyen galaxias, nebulosas, cúmulos globulares y cúmulos abiertos. Los 110 objetos son visibles desde el hemisferio norte y solo unos cuantos desde el hemisferio sur; pero una gran ventaja es que todos los objetos Messier están al alcance de cualquier telescopio doméstico. En las cartas los podrás identificar por la nomenclatura M (M1, M16, M31, M42...).

El Catálogo NGC (Nuevo Catálogo General por sus siglas en inglés) está compuesto por 7840 objetos difusos tales como nubes estelares, nebulosas planetarias y galaxias. Este catálogo se completa con 5000 objetos adicionales repartidos entre el Catálogo Índice I (IC I) e Índice II (IC II). Al ser más extenso, este catálogo tiene muchísimos objetos al alcance de cualquier telescopio y otros muchos directamente imposibles de observar y solo al alcance de la astrofotografía.

Cómo usar las cartas celestes

Ahora que ya sabes interpretar una carta celeste, vamos a aprender a utilizarla para orientarnos con ella y localizar cualquier objeto del firmamento.

Aquí tienes la carta n.º 16, en la que podemos observar la constelación de Orión, parte de Tauro, parte de Monoceros (el Unicornio), Lepus (la Liebre), parte del Can Major, parte de Géminis y parte de Eridano. En el margen inferior podemos observar ya las indicaciones de Columba (la Paloma) y Caelum (el Cincel).

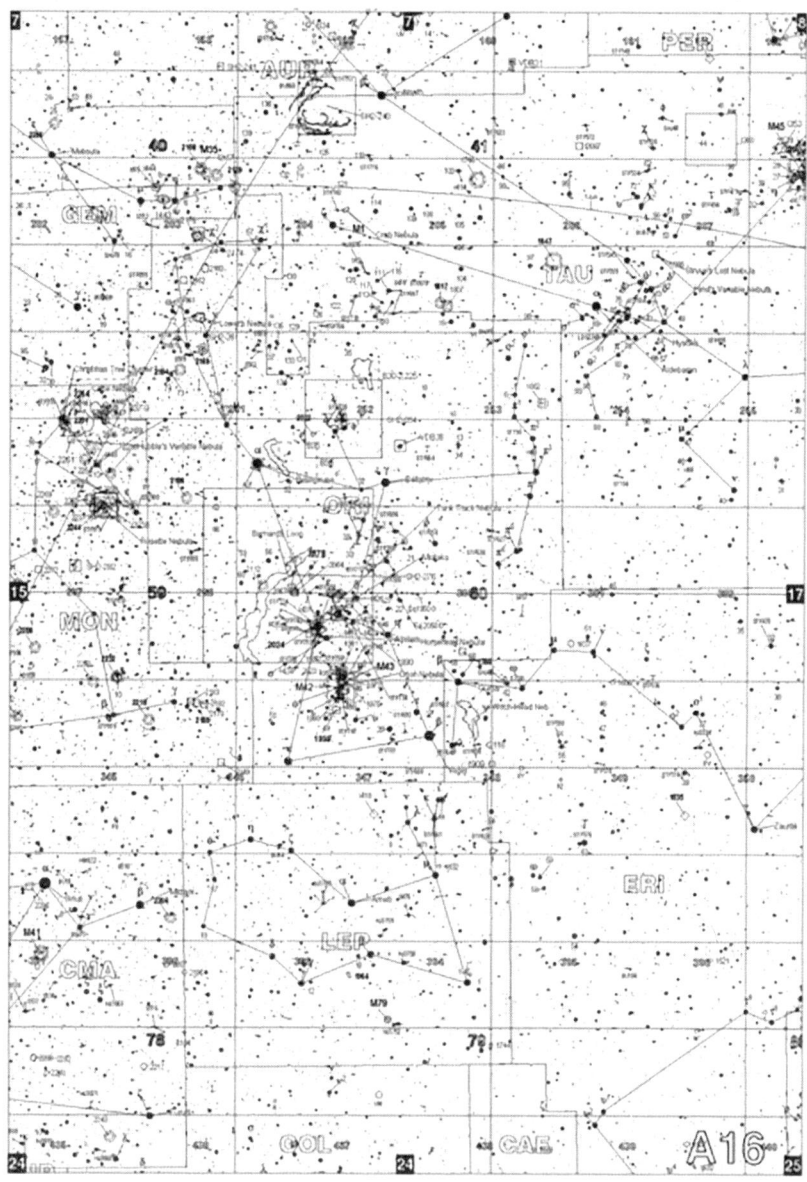

Página 16 de las cartas celestes TriAtlas A.

Supongamos que deseamos observar el cúmulo globular M79. Al buscarlo en la carta, observamos que se encuentra bajo la constelación de Lepus, alejado de cualquier gran estrella que nos pueda servir de referencia. No obstante, vemos que hay un par de estrellas binarias muy próximas; esto nos servirá más adelante.

Para localizar este objeto, yo tomaría la constelación de Orión como referencia. Lo primero es colocar la carta en la misma posición que el cielo para poder orientarme mejor, igual que haría con un mapa de carreteras.

Una vez rotada la carta para que coincida con la posición de Orión en el cielo, comienzo a orientarme. Localizo la estrella Rigel de Orión, que en la carta en su orientación vertical se encuentra en la esquina inferior derecha de la constelación. A la izquierda de Rigel debo poder observar en el cielo el otro pie de Orión y, bajo ellos, las estrellas que me dibujan la constelación de Lepus. En este punto ya debo estar viendo en el cielo claramente la constelación de Lepus, por lo que puedo centrarme en localizar esas tres estrellas de la constelación de Lepus entre las que más o menos se encuentra M79.

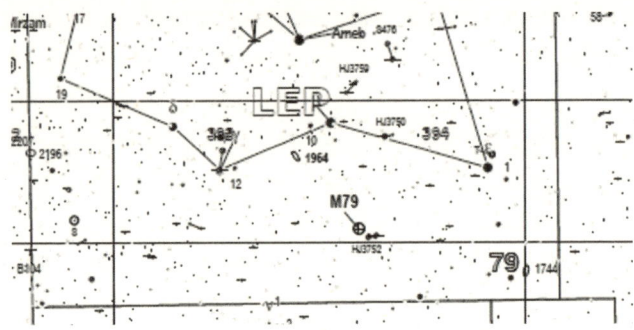

Detalle de la ubicación del objeto M79 en las cartas celestes.

Quiero que entiendas que no existe una única forma de hacer lo siguiente, aquí cada maestrillo tiene su librillo y, como todos, buscarás tus propias técnicas para proyectar distancias y guiarte por el firmamento. Yo veo en esta carta que M79 está más o menos a la misma distancia de la estrella de la derecha que la estrella central de la estrella de la derecha, por lo que me imagino que tengo un compás gigante que pincho en la estrella de la derecha, mido hasta la estrella central y roto mi compas unos 40º.

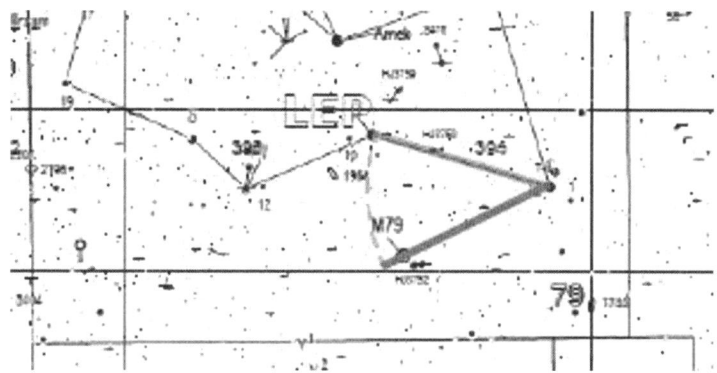

Con esta proyección mental sobre el firmamento habré localizado la zona del cielo en la que se encuentra M79. Buscando por dicha zona con los prismáticos o el telescopio, debería poder localizarlo sin mucho esfuerzo en cuestión de pocos segundos.

Y así es como se hace con cualquier objeto del firmamento; tomando referencias, saltando de estrella en estrella y buscando relaciones de distancias que permitan acotar cada vez más la zona de búsqueda. Evidentemente hay objetos más fáciles de encontrar que otros, pero con práctica y paciencia serán pocos los que se te resistan.

Con esto, debes saber todo lo necesario para comenzar a buscar y observar objetos celestes mirando a simple vista. En el siguiente capítulo comenzamos a manejar instrumentos que nos van a permitir acercarnos a esos objetos que tanto ansiamos observar; pero lo vamos a hacer con cautela, invirtiendo poco dinero y de forma inteligente. Practica un poco con las cartas celestes y, cuando lo creas oportuno, nos vemos en el siguiente capítulo.

Capítulo 6

PRISMÁTICOS: LA ENTRADA AL FIRMAMENTO

LOS MEJORES MODELOS Y QUÉ OBSERVAR CON ELLOS EN TUS PRIMERAS NOCHES

En este punto seguro que estás deseando que empecemos a hablar de telescopios y, si bien podría haberlo hecho desde la primera página de este libro, te habrás dado cuenta de que te estoy guiando poco a poco y paso a paso por el camino más largo y completo para dominar esta afición.

Te estoy guiando por el mismo camino que hice yo durante mis inicios y evolución como astrónomo aficionado, ya que considero que cada etapa tiene su belleza y romanticismo. Hay que asentar bien y de forma sólida las bases de esta afición para que no sea una simple moda o capricho en la que inviertas unos meses y unos cientos de euros para, después, abandonarla.

Mi misión con este libro es que te enamores perdidamente de la astronomía, aunque eso implique avanzar de forma más pausada y desde lo más básico. Pero hoy eso cambia, hoy vas a comenzar a observar tus primeros objetos a través de lentes profesionales y, hablando de lentes profesionales, debes aprender algunos conceptos que serán vitales el resto de tu vida como astrónomo aficionado.

¿POR QUÉ USAR PRISMÁTICOS Y NO UN TELESCOPIO?

La mayoría de nosotros hemos mirado alguna vez en nuestra vida a través de unos prismáticos. Quizás haya sido a través de uno de esos aparatos que ponen en los miradores o quizás tengamos por casa algunos prismáticos sencillos de nuestro padre o nuestro abuelo.

Los prismáticos son unos instrumentos muy interesantes para el astrónomo aficionado, pues aunque no van a darnos tanto aumento como un telescopio, nos dan una serie de ventajas que un telescopio jamás podrá ofrecernos.

La primera es bastante clara: el precio. Unos prismáticos muy buenos de categoría profesional tienen un precio que ronda entre los 150 € y los 200 €, mientras que para tener un telescopio de calidad, mínimo vamos a tener que invertir unos 300 € (y eso sin contar montura, trípode, oculares y el resto de accesorios...).

Lo segundo es el peso y el tamaño. Los prismáticos son instrumentos mucho más cómodos de manejar y transportar. Los puedes cargar en cualquier mochila, llevarlos a donde quieras; entre lo poco que ocupan y lo poco que pesan son tus compañeros ideales de viaje.

La tercera es una de mis favoritas: nos permiten aprovechar la visión binocular. Tenemos dos ojos y no es por capricho de la naturaleza. Tener dos ojos ligeramente separados hace que nuestro cerebro reciba dos imágenes distintas desde lugares distintos, lo que le permite unificar la información en una única imagen tridimensional que nos permite percibir la profundidad del espacio en el que vivimos. Al observar el universo con prismáticos podemos aprovechar los dos ojos y apreciar profundidad en los objetos que miremos, algo que con un telescopio no ocurre.

Y por último y no menos importante: el campo de visión. Los prismáticos ofrecen un menor aumento que los telescopios, cierto, pero también ofrecen un mayor campo de visión; por lo que podemos observar los objetos celestes en su entorno natural, haciéndonos más fácil la tarea de encontrarlos y, además, te adelanto que hay objetos en el cosmos tan grandes que es imposible observarlos con telescopios porque, al tener tanto aumento, «te metes dentro de ellos».

Llevo más de diez años observando el firmamento y, aunque tengo varios telescopios, en mi mochila nunca faltan mis buenos prismáticos como equipo de apoyo y herramienta de avanzadilla, ya que es más fácil y rápido escanear una zona con los prismáticos que con el telescopio.

Comenzar con prismáticos te permite seguir mejorando tus habilidades de orientación celeste y manejo de cartas celestes. Además, si descubres que esta afición no es para ti porque supone pasar muchas horas por la noche a la intemperie, con el frío y el miedo que a veces puede darnos estar en mitad de la naturaleza por la noche, tendrás la tranquilidad de que no has ido más allá y no te has gastado sumas de dinero mucho más grandes en un telescopio.

Como dato añadido a favor de los prismáticos, con todo lo que ya te he contado seguro que también has deducido que son la herramienta perfecta para los más pequeños. Por lo que si tienes en casa a un futuro o futura astrónoma que aún no tiene edad para un buen telescopio, los prismáticos son la mejor opción.

Ahora que ya sabes por qué me gustan tanto, vamos a aprender cómo deben ser unos buenos prismáticos para uso astronómico.

Aumentos, apertura y luminosidad

Cuando hablemos de telescopios en el próximo capítulo verás que los telescopios no se catalogan por aumentos; eso solo lo hacen los típicos telescopios de juguete que puedes encontrar en grandes almacenes.

Los telescopios se miden por una serie de parámetros que nos van a permitir calcular cómo de bueno o malo es para una tarea concreta; pero ahora estamos hablando de prismáticos y, aunque la teoría es similar, los valores por los que se miden son ligeramente distintos.

Normalmente los prismáticos se definen con una referencia numérica que representa los aumentos que da y la apertura o diámetro que tienen sus lentes principales (8x20; 7x50, 12x50, 12x80...). El primer número son los aumentos, es decir, cuántas veces te acerca al objeto que estás observando: 8x; 7x; 12x... Y el segundo número es la apertura, es decir, el tamaño en milímetros de las lentes principales: 20 mm; 50 mm; 80 mm...

Con estos números ya tenemos una referencia de lo bueno o no que es un modelo concreto para uso astronómico; pero la clave está en saber calcular cómo de luminosos van a ser los prismáticos, ya que con este tipo de instrumentos no vamos a observar la Luna o los planetas (porque el aumento es insuficiente), con ellos vamos a observar objetos de cielo profundo que, aunque están lejos, son enormes. El problema que tienen los objetos de cielo profundo (nebulosas, galaxias, cúmulos...) es que brillan muy poco, así que necesitamos que nuestro instrumento sea capaz de recolectar la mayor cantidad de luz posible. A eso es a lo que llamamos luminosidad.

En los prismáticos, el cálculo de luminosidad se hace mediante el cálculo de la pupila de salida. Muchas veces, en especial en prismáticos de calidad, este valor ya viene dado en las especificaciones pero, otras muchas veces, es un valor que tenemos que calcular nosotros.

Su cálculo es extremadamente sencillo: solo tenemos que dividir la apertura entre los aumentos. Por ejemplo: en un modelo 7x20; 20 dividido entre 7 es aproximadamente 2,86. En un modelo 7x50; 50 dividido entre 7 es aproximadamente 7,14.

La idea es clara: cuanto más grande sea la pupila de salida más luminosos serán los prismáticos y, por tanto, mejores para la práctica de astronomía. Podemos decir, que prismáticos con una pupila de salida de 6 o más son aptos para uso astronómico. Mientras que aquellos con una pupila de salida inferior a 6 solo serán aptos para uso diurno.

Modelos interesantes

Con esto que acabas de aprender ya eres capaz de ir a cualquier tienda y elegir unos buenos prismáticos; pero ten en cuenta que lo que has aprendido no es lo único que importa. La calidad de las ópticas y las terminaciones, el tamaño y el peso, la disponibilidad, la resistencia a polvo y humedad y el precio son puntos muy importantes que valorar también.

Sin convertir este libro en un catálogo de la Teletienda, te recomiendo que acudas a marcas destacadas en el mundo de la óptica, tanto en fotografía como en astronomía. Con estas marcas te garantizas una cierta calidad en las lentes y en el instrumento en general. Marcas como Nikon, Canon, Celestron o Bresser son marcas muy reconocidas en el mundo de la astronomía y la fotografía.

Capítulo 7

TIPOS DE TELESCOPIOS: CUÁLES HAY Y CUÁL DEBERÍAS ELEGIR

REFRACTORES, REFLECTORES, CATADIÓPTRICOS Y
TELESCOPIOS INTELIGENTES: VENTAJAS,
DESVENTAJAS Y USOS

Por fin llegamos a lo que seguramente estabas deseando llegar: los telescopios.

Este ha sido, probablemente, el capítulo que más me ha costado escribir. No es fácil condensar tanta información y presentarla de forma clara y adecuada para que el lector no se duerma durante su lectura. Hace años produje un curso de manejo de telescopios compuesto por clases en vídeo, lo cual fue mucho más sencillo que escribir este capítulo. Pero, como te dije en el capítulo anterior: mi misión es que te enamores de la astronomía; así que tengo que hacer todo lo posible por darte las mejores explicaciones y de la forma más cómoda.

¿QUÉ ES UN TELESCOPIO?

Hace años, un buen amigo llamado José Luis Quiñones me dijo que los telescopios son como un tótem. Puedes tener prismáticos, cámaras de fotos con sus trípodes, cartas celestes y un cielo increíble, pero solo cuando plantes un telescopio la gente te preguntará «¿qué se puede ver hoy?».

Los telescopios parecen tener un aura mágica que atrae las miradas. Ya sean enormes cúpulas de grandes observatorios o modestos telescopios domésticos, estos instrumentos tienen algo que nos atrae. Quizás sea que sabemos que nos permiten ver cosas increíbles, o tal vez es por esa indiscutible curiosidad del ser humano; pero cuando montas un telescopio la gente se fija en ti de una manera totalmente distinta.

Muchos piensan que un telescopio es un instrumento que nos permite ver cosas más cerca. Una herramienta que amplía las imágenes de forma similar a un microscopio y, aunque a efectos prácticos es así, lo cierto es que los telescopios funcionan de una forma distinta.

Realmente, lo que hace un telescopio es captar luz. En el vacío del universo la luz puede viajar millones y millones de años luz desde un lugar extremadamente lejano hasta la Tierra. Un telescopio puede captar esa luz, por muy lejano que esté su origen, así que no tiene sentido preguntar cómo de lejos puede ver un telescopio, ya que la respuesta es: depende.

Si el telescopio es capaz de captar mucha luz, podrá observar objetos que brillen muy poco; mientras que si es un telescopio oscuro que apenas puede captar luz, solo será capaz de ver los objetos más brillantes. Y claro, un objeto lejano no tiene por qué ser poco brillante, al igual que un objeto cercano puede no ser brillante.

Piensa en una galaxia. Las galaxias son objetos lejanos, muy lejanos, pero al estar compuestas por miles de millones de estrellas tienen un brillo muy intenso. Hay galaxias más grandes que otras y galaxias con estrellas más brillantes que otras, así que lo que importa no es lo lejos que esté una galaxia, sino lo brillante que sea. Por eso es fácil observar lejanas galaxias pero extremadamente difícil ver pequeños asteroides de nuestro sistema solar.

Distancia focal, apertura, luminosidad y otros factores

Al igual que ocurría con los prismáticos, hay varios factores que indican si un telescopio es bueno, o no, para un tipo de uso u observación concreta. Como veremos en el siguiente punto, existen varios tipos de telescopios: unos más adecuados que otros para determinado tipo de observación; pero al final todos se cortan por el mismo patrón.

Cuando tenemos un telescopio, para saber de qué es capaz debemos conocer sus dos características principales: su distancia focal y su apertura.

La distancia focal se mide en milímetros y es la distancia que recorre la luz en el interior del telescopio hasta el plano focal[7]. La distancia focal va a determinar cuántos aumentos va a ser capaz de dar un telescopio. Y es que, a diferencia de los prismáticos que tienen un aumento fijo, los telescopios son instrumentos de aumento variable, aunque de eso hablaremos en seguida.

El otro factor es la apertura, que se mide en milímetros o pulgadas. Aquí, al igual que en los prismáticos, representa el diámetro de la lente principal del telescopio y, cuanto mayor sea esta, más luz será capaz de recolectar el telescopio.

Directamente con la apertura del telescopio podemos calcular varios parámetros. El primero de ellos es la magnitud límite teórica, es decir, cómo de tenue puede ser un objeto de cielo profundo para que lo podamos observar con el telescopio. Si recuerdas de capítulos anteriores, la magnitud aparente es el brillo que podemos percibir desde la Tierra de un objeto concreto y, cuanto mayor sea esta, menos brillará el objeto.

Para calcular la magnitud límite de un telescopio debemos aplicar una fórmula que parece un poco rara, pero es muy sencilla:

$$M\ l\acute{\imath}mite \approx 7,5 + 5 \cdot log(D)$$

---

7   El plano focal es el lugar en el que convergen los rayos de luz para componer una imagen sólida. Es el lugar donde ponemos el ocular para observar o la cámara para fotografiar.

En esta fórmula, D es la apertura del espejo o la lente principal del telescopio en centímetros. Asimismo, debes saber que esta fórmula tiene en cuenta condiciones ideales, es decir, ausencia total de contaminación lumínica, sin luna, un *seing* perfecto, etc.

De esta forma, si aplicamos la fórmula a un telescopio de 70 mm (7 cm) de apertura, nos dará como resultado una magnitud límite teórica de aproximadamente 11,73. Si lo hacemos a un telescopio de 8 pulgadas (203 mm o 20,3 cm), 14,04.

En la siguiente tabla puedes observar cómo a medida que aumenta el diámetro de la lente principal del telescopio también aumenta la magnitud límite teórica.

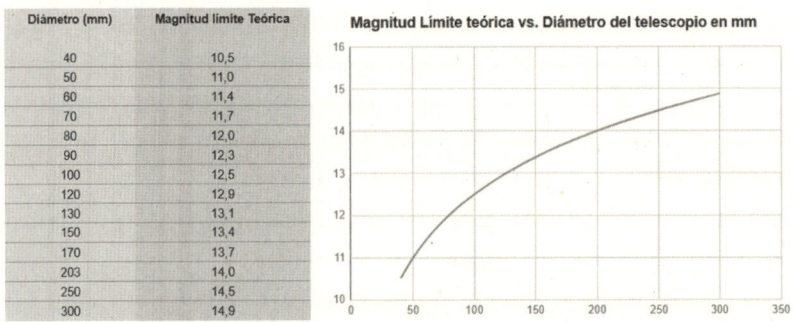

Diámetro (mm)	Magnitud límite Teórica
40	10,5
50	11,0
60	11,4
70	11,7
80	12,0
90	12,3
100	12,5
120	12,9
130	13,1
150	13,4
170	13,7
203	14,0
250	14,5
300	14,9

Tabla y gráfico que muestra el aumento de la magnitud límite teórica de un telescopio respecto al aumento de la apertura del mismo.

Existe otro factor relacionado con la luminosidad: la relación focal. La relación focal indica cuán «rápido» o «lento» es un telescopio para astrofotografía. Cuanto más rápido sea un telescopio, menos tiempo de exposición necesitará para conseguir la misma cantidad de señal. Esto lo veremos en profundidad en el capítulo sobre astrofotografía.

Otro dato que debes considerar a la hora de comprar o utilizar un telescopio es el aumento máximo teórico. Ya hemos comentado que los telescopios son instrumentos de aumento variable y en breve hablaremos en detalle de ello; pero no todos los telescopios pueden alcanzar los mismos aumentos.

En condiciones ideales, podemos asumir que el aumento máximo teórico de un telescopio es su apertura (en milímetros) multiplicada por dos; aunque rara vez conseguiremos llegar a ese límite, ya que siempre nos afecta la turbulencia atmosférica, la calidad de la propia óptica, etcétera. Si tenemos un telescopio de 70 mm de apertura, podremos llegar como máximo a 140x. Si tenemos un telescopio de 203 mm de apertura, 406x.

Es cierto que esta regla puede no cumplirse y el límite ser un poco más alto, depende de la calidad de la lente en cuestión pero, como son varios los factores que afectan, se suele promediar y dejar el límite en el doble de la apertura.

Oculares: el aumento variable

Como ya te he mencionado, los telescopios son instrumentos de aumento variable. En cada momento, en función de nuestras necesidades, podemos elegir si queremos ver una imagen con más o menos y, para cambiarlo, debemos cambiar la lente responsable del aumento: el ocular.

Los oculares son las lentes que se colocan en el plano focal y el lugar al que pegamos el ojo para observar. Los oculares están estandarizados en dos tamaños: 1,25 y 2 pulgadas. Algunos telescopios, en especial los más baratos, solo admiten oculares de 1,25"; mientras que los más profesionales admiten de los dos tamaños.

Los oculares de 2" dan un campo aparente de visión más grande que los oculares de 1,25", por lo que tienden a ser mejores para la observación de grandes objetos de cielo profundo tales como nebulosas o cúmulos estelares abiertos. Por contra, estos oculares tienen un precio mayor, ocupan más espacio y pesan más que los oculares de 1,25".

Al igual que los telescopios, los oculares tienen una distancia focal determinada que viene especificada en su cuerpo. La distancia focal del ocular nos indica los aumentos que nos va a dar en un determinado telescopio; y es que el aumento final depende de la relación existente entre la distancia focal del telescopio y la distancia focal del ocular, pudiendo un ocular dar distintos aumentos en distintos telescopios.

Para calcular los aumentos conseguidos se aplica la siguiente fórmula:

$$Aumentos = \frac{DF\ telescopio}{DF\ ocular}$$

De esta forma, si tienes un telescopio de 700 mm de distancia focal y utilizas un ocular de 20 mm; $\frac{700}{20}$ =35 *aumentos*. Si con el mismo telescopio, ahora cambias el ocular y pones uno de 10 mm; $\frac{700}{10}$ = 70 *aumentos*

Como ves, cuanto más pequeña sea la distancia focal del ocular más aumentos te dará, aunque el aumento final vendrá determinado por esa relación existente entre la distancia focal del telescopio y la distancia focal del ocular.

No debes olvidar que todo telescopio tiene un aumento máximo teórico, por lo que debes tener cuidado con los oculares que utilices ya que podrías llegar a utilizar un ocular que supere el aumento máximo teórico y, por tanto, no conseguirías enfocar la imagen.

Lentes Barlow y reductores de focal

Además de los oculares, existen otro tipo de accesorios que podemos colocar en nuestros telescopios.

El primero son las lentes Barlow. Este tipo de lentes aumentan por un factor determinado la distancia focal del telescopio. Existen Barlows 2x, 3x, 4x… De tal forma que al utilizar una Barlow 2x multiplicarás por dos la distancia focal nativa del telescopio para pasar, por ejemplo, de 700 mm a 1400 mm.

Los reductores de focal hacen justamente lo contrario: reducir la distancia focal. Existen reductores de 0,8x, 0,6x, 0,7x… De esta forma, usando un reductor 0,8x pasaremos de un telescopio de 700 mm de distancia focal a uno de 560 mm.

Este segundo tipo de lentes no suelen utilizarse en astronomía visual, pero sí en astrofotografía. Al reducir la distancia focal conseguimos un mayor campo de visión, perfecto para fotografiar objetos tan grandes que no quepan en el encuadre de nuestra cámara con la distancia focal nativa de nuestro telescopio.

Ahora que ya conoces todos estos factores y antes de hablar propiamente de telescopios, creo conveniente hablar de dónde se deben comprar este tipo de instrumentos y dónde no.

Dónde comprar

Aunque la tentación de entrar en Amazon y buscar telescopios es muy grande, mi recomendación es que evites a toda costa este tipo de tiendas, salvo que sepas muy bien lo que quieres comprar y vayas en busca de un modelo concreto de una marca concreta. Evita también comprar en grandes almacenes y cadenas comerciales. Los trabajadores de este tipo de sitios no suelen tener una formación específica para este tipo de instrumentos y no podrán asesorarte correctamente; además de que el *stock* del cual disponen en este tipo de establecimientos tiende a ser reducido y de baja calidad.

Antaño, las tiendas especializadas en fotografía eran el mejor (y casi único) lugar para adquirir material astronómico, pero debido a los precios que se manejan hoy en día en este mundillo y la supremacía del comercio *online*, estas tiendas tampoco suelen tener un gran *stock*.

Lo ideal es que acudas a tiendas especializadas en material astronómico. Aunque en Madrid y Barcelona existen tiendas físicas de este tipo, lo más normal es que compres de forma *online*. Sin querer hacer publicidad a ninguna de ellas en concreto, en España tienes varias tiendas de material astronómico que envían a prácticamente todo el planeta: Astrotelescopios, Telescopiomania, Astroshop, Astrocity, Espacio Celeste…

En Latinoamérica suele ser más complicado adquirir este tipo de productos, tanto por la baja disponibilidad como por los precios que alcanzan. No obstante, también hay algunos distribuidores interesantes como SkyShop México, Telescopios Chile, CosmoShop Medellín, Messier Astronomía Colombia…

Y una vez hablado de esto, llega el gran momento: ¡vamos a por los telescopios!

Telescopios refractores

Los telescopios refractores son aquellos integrados en el imaginario colectivo. Es el instrumento que te viene a la cabeza cuando oyes la palabra telescopio. Este tipo de telescopios están compuestos por una lente en su parte frontal que recoge y focaliza la luz en el plano focal, ubicado en el extremo contrario del tubo.

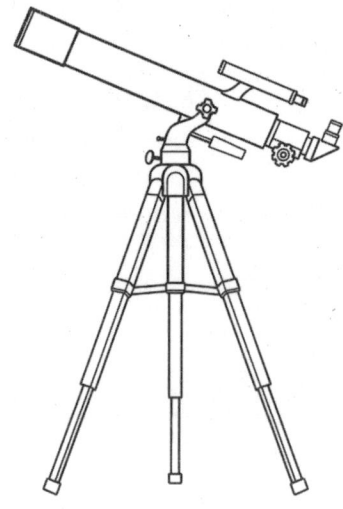

Representación de un telescopio refractor.

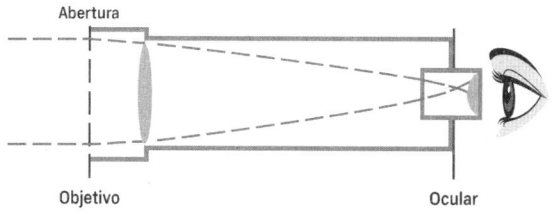

Esquema del recorrido que hace la luz en el
interior de un telescopio refractor.

Son el tipo de telescopio más antiguo que existe; de hecho, también son conocidos por el nombre de la persona que lo perfeccionó, patentó y presentó el 25 de agosto de 1609: Galileo Galilei (telescopio galileano).

Existen dos tipos de telescopios refractores: los acromáticos y los apocromáticos. Los acromáticos son los más comunes y económicos. Su lente no tiene ningún tipo de tratamiento para evitar el cromatismo[8], de ahí que sean los más económicos. Los telescopios apocromáticos, por el contrario, suelen incorporar elementos de dispersión extrabaja para corregir la aberración cromática, algo especialmente importante a la hora de practicar astrofotografía.

Los telescopios refractores son excelentes para la observación planetaria, ya que su construcción les permite ofrecer un gran contraste. Otra ventaja es su bajo mantenimiento; estos telescopios no suelen necesitar de un mantenimiento específico más allá de limpiarlo periódicamente y protegerlo de la humedad.

Su sencillez y bajo precio suele convertirlos en el típico telescopio de iniciación que se suele regalar a los más pequeños de la casa, especialmente cuando se compran en formato kit[9]. Son

---

8   La aberración cromática es una distorsión óptica que ocurre cuando una lente no puede enfocar todos los colores de la luz en el mismo punto focal. Esto crea contornos de colores indeseados alrededor de los objetos.

9   Cuando me refiero a kit me refiero al conjunto de telescopio + montura + trípode + oculares y otros accesorios que se venden juntos en un mismo *pack*.

ideales para tenerlos en casa a modo de decoración e incluso para echar algún que otro vistazo a la Luna de vez en cuando; pero no son telescopios que aporten gran calidad.

Como contrapunto, debido al precio y el peso que pueden llegar a adquirir las lentes según aumenta su tamaño, este tipo de telescopios suelen tener aperturas pequeñas, de unos 100-120 milímetros como mucho, por lo que no son adecuados para observación de objetos de cielo profundo (pero sí para fotografiarlos).

Telescopios reflectores

Como su nombre indica, los telescopios reflectores reflejan la imagen en una serie de espejos que concentran la luz en el plano focal. Los telescopios reflectores incorporan dos espejos: el espejo primario, ubicado en la parte posterior del tubo; y el secundario, ubicado en la abertura del tubo y colocado a 45º respecto al primario.

Representación de un telescopio reflector.

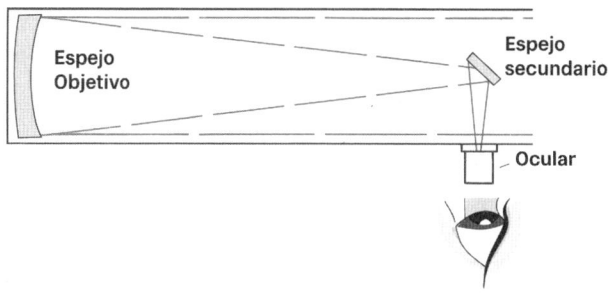

Esquema del recorrido que hace la luz en el
interior de un telescopio reflector.

Los telescopios reflectores, también conocidos como telescopios newtonianos, fueron inventados por sir Isaac Newton en 1668, 58 años después de que Galileo presentara su refractor mejorado.

La construcción de estos telescopios hace que el plano focal no se encuentre en uno de los extremos del tren óptico como en el caso de los refractores, sino en un lateral de la parte superior. Debido al camino que recorre la luz en el interior del tubo, los reflectores suelen entregar distancias focales más grandes que telescopios refractores del mismo tamaño; además, el menor precio de construcción y peso de los espejos hace que se puedan fabricar telescopios más grandes, de mayor apertura y más baratos en comparación con los refractores.

Los espejos no provocan aberración cromática; pero suelen ofrecer menos nitidez en detalles finos que los refractores. Otro punto que valorar es el mantenimiento. Los espejos de un telescopio reflector deben ser colimados periódicamente, siendo lo ideal hacerlo cada vez que se vaya a utilizar el instrumento. Si bien esto puede parecer un inconveniente, la colimación de reflectores es un proceso sencillo y rápido que veremos en detalle un poco más adelante.

Debido a que estos telescopios tienen aperturas mucho mayores que las de los refractores, son los telescopios ideales para la observación de cielo profundo. De hecho, todos los grandes telescopios del mundo son reflectores: Gran Telescopio de Canarias, Very Large Telescope (VLT), Hubble, James Webb…

A mi modo de ver y según mi experiencia, los reflectores son los telescopios más polivalentes que existen. Tienen una gran apertura para poder disfrutar de objetos de cielo profundo; a partir de cierto tamaño tienen focal suficiente para observar correctamente planetas como Júpiter y Saturno; sus precios suelen estar muy marcados por su tamaño y calidad, y gozan de una excelente relación calidad-precio.

Dentro de la familia de los telescopios reflectores existe un tipo de telescopio de aspecto raro y que considero que es el mejor para la iniciación en la astronomía visual: los tipo Dobson.

El telescopio tipo Dobson es un telescopio reflector normal y corriente, salvo que no necesita de una montura[10] adicional como cualquier otro telescopio. Su propia estructura es su montura; una montura que, por cierto, es de tipo altazimutal, aunque de eso hablaremos en el siguiente capítulo.

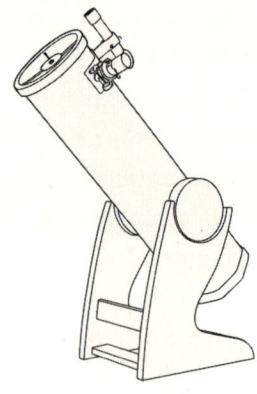

Representación de un telescopio reflector tipo Dobson.

El problema de este tipo de telescopio es que es muy voluminoso. Los modelos más grandes pueden desmontarse para facilitar su transporte, pero siguen siendo equipos pesados. La venta-

---

10   La montura de un telescopio es la estructura mecánica que sostiene el tubo
      óptico y permite orientarlo hacia cualquier punto del cielo de forma estable
      y precisa.

ja que tienen es que son extremadamente sencillos de utilizar y ofrecen una excelente relación calidad-precio. Para que te hagas una idea, un telescopio tipo Dobson de 203 mm de apertura y 1200 mm de distancia focal tiene un precio aproximado de unos quinientos o seiscientos euros, lo cual es excelente porque no debes destinar un dinero adicional a la compra de la montura.

Por su versatilidad, precio y facilidad de uso, considero que es el mejor tipo de telescopio para aquel aficionado que busque un instrumento polivalente y al mismo tiempo sencillo. Aunque debe disponer de un coche con un buen maletero para poder transportarlo con comodidad.

Telescopios catadióptricos

Los telescopios catadióptricos combinan lo mejor de los refractores con lo mejor de los reflectores. Combinan una lente con un sistema de dos espejos para disponer de grandes distancias focales en tamaños muy compactos.

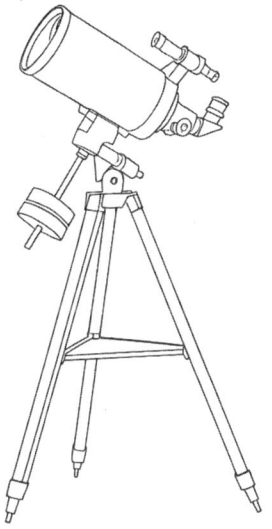

Representación de un telescopio catadióptrico.

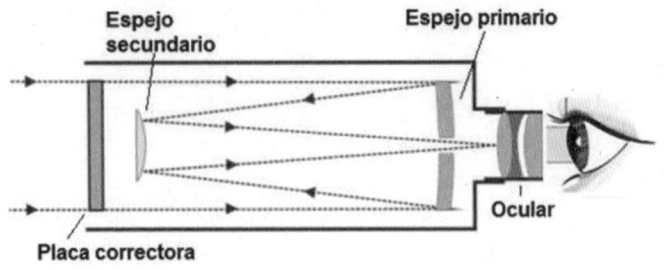

Esquema del recorrido que hace la luz en el
interior de un telescopio catadióptrico.

Dadas sus enormes distancias focales y su gran nitidez, son
los mejores telescopios para la observación y astrofotografía de
planetas. La pega está en que su precio y su peso son elevados,
además de que su mantenimiento es complejo.

Existen dos tipos de telescopios catadióptricos: los Maksu-
tov-Cassegrain (Mak) y los Schmidt-Cassegrain.

La principal diferencia está en la lente que incorporan. Los
Mak tienen una lente de menisco esférica gruesa, mientras que
los Schmidt montan una lente asférica delgada. La lente de los
Mak permite corregir muy bien la aberración esférica[11] y ofrecer
un alto contraste, por lo que es ideal para capturar detalles muy
finos en la Luna, los anillos de Saturno o las bandas gaseosas de
Júpiter. La lente asférica de los Schmidt es más ligera que la de
los Mak, pero corrige un poco peor la aberración esférica. Su
principal ventaja es que aportan un campo un poco mayor que
los Mak, por lo que son un poco más polivalentes.

Por norma general, la gente suele preferir los Maksutov salvo
que busquen un telescopio de más de 180 mm de apertura, que
entonces van a los Schmidt, ya que la mayoría de marcas no fabrican telescopios Maksutov de más de 180 mm de apertura por
ser demasiado caros y pesados.

---

11   La aberración esférica es un tipo de defecto óptico que ocurre cuando una
      lente o un espejo con forma esférica no logra enfocar todos los rayos de luz
      en el mismo punto provocando una imagen borrosa y poco nítida.

Telescopios inteligentes

Desde hace unos años se están poniendo de moda los telescopios inteligentes. Modelos como el Seestar, Vespera o el Dwarf son cada vez más comunes en *star parties*[12] y eventos astronómicos.

Son telescopios que han democratizado mucho el acceso a la afición, debido a que no es necesario ningún tipo de conocimiento previo para poder utilizarlos y, al ser inteligentes, es tan sencillo como iniciarlos y disfrutar en el móvil o tableta de las fotografías que va tomando en directo.

· Personalmente, los veo como un instrumento interesante de cara a hacer divulgación o como equipo secundario de apoyo; pero nunca como equipo principal ni telescopio orientado a alguien que quiera iniciarse de forma comprometida en esta bella disciplina.

Creo que, pese a su comodidad y facilidad de uso, eliminan todo el trabajo del usuario y enfrían demasiado la relación entre el astrónomo y el firmamento; aunque debo reconocer que han permitido que muchísimas personas comiencen a observar el cosmos de forma fácil, sencilla y económica.

CONCLUSIÓN: ¿QUÉ TELESCOPIO ELEGIR?

Ahora que ya conoces los distintos telescopios que existen, debes elegir cuál es el ideal para ti.

¿Quieres ser un astrónomo casual que observa la Luna y los planetas desde su jardín? ¿Quieres pasar noches enteras escudriñando cada rincón del firmamento? ¿Buscas la mayor calidad posible en observaciones y fotografías planetarias?

Cada tipo de telescopio es ideal para un uso concreto y, salvo que te sobre dinero para tener varios equipos, deberás especiali-

---

12   Encuentro de astrónomos aficionados y entusiastas de la observación del cielo que se reúnen en un lugar oscuro para observar juntos con telescopios, binoculares o simplemente a simple vista.

zarte en uno de esos usos desechando en gran medida la práctica del resto de disciplinas.

En el siguiente capítulo vas a aprender cómo montar, utilizar y cuidar correctamente un telescopio; sea el que sea. Con todo lo que ya has aprendido, cuando termines el siguiente capítulo deberías tener todo lo necesario para lanzarte a la caza de tus objetos favoritos con la ayuda de tu telescopio y tus cartas celestes; pero no nos quedaremos ahí.

Daremos un paso más y aprenderás a localizar sitios cerca de casa con condiciones excelentes para la observación astronómica. Hablaremos de los principales tipos de objetos que puedes observar en el firmamento, con y sin telescopio; te ayudaré a encontrar compañeros de afición para que puedas compartir tu *hobby* con gente afín, lo que te permitirá aprender mucho más y en tiempo récord y, por último pero no menos importante, aprenderás a hacer lo que a mí me ha llevado hasta este punto después de tantos años: el diario del astrónomo.

Capítulo 8

MANEJO DE TELESCOPIOS: DE LA TEORÍA A LA PRÁCTICA

ELEMENTOS, MONTAJE, USO Y MANTENIMIENTO DE UN TELESCOPIO

Los telescopios son como los instrumentos de música: cuando ves a alguien que sabe tocarlo parece una tarea muy sencilla, pero ¿has intentado tocar el piano, una trompeta o una guitarra?

Sin libro de instrucciones ni experiencia previa, intentar manejar un telescopio es como intentar afinar un piano a oído y querer tocar *Für Elise*. No exagero al decirte que dominar un telescopio a la perfección y ser capaz de encontrar cualquier objeto que te propongas es cuestión de años de práctica y experiencia continuada. Afortunadamente, teniendo una base como la que vas a encontrar en este capítulo, podrás comenzar a sacar partido a tu telescopio prácticamente desde el primer día.

Para que la tarea sea más sencilla, vamos a dividir este capítulo en varios bloques que te van a permitir profundizar poco a poco en el montaje, manejo y cuidado del telescopio y, cuando lo termines, sin darte cuenta te habrás convertido en un experto teórico. Y sí, digo teórico, ya que la parte práctica va a depender completamente de ti. Yo puedo guiarte y enseñarte el camino, pero por desgracia no puedo montar tu telescopio por ti, ni apuntarlo a los objetos que deseas observar; eso debes conseguirlo tú mismo.

Partes del telescopio

El telescopio es, ni más ni menos, que el tubo principal por el que observamos o fotografiamos. Cuando nos referimos al conjunto completo de telescopio, montura, oculares y el resto de accesorios, lo correcto es llamarlo «equipo astronómico» o «equipo astrofotográfico». Para simplificar, yo me voy a referir al conjunto simplemente como «equipo».

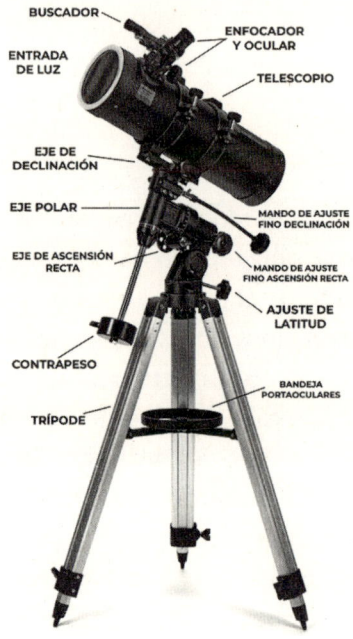

Partes principales de un telescopio y su montura.

Y como te acabo de adelantar, un equipo está compuesto por varios elementos independientes que actúan como un mismo instrumento que nos permiten observar y fotografiar. Quizás pienses que el elemento más importante del equipo es el propio telescopio, pero eso no es así. El tubo principal representa, en el mejor de los casos, un 30 % del equipo. El elemento más importante de un equipo es la montura.

La montura

La montura representa el 40 % del total del equipo. Es la estructura mecánica que, junto con el trípode, sostiene el resto del equipo y permite moverlo de forma suave, precisa y estable.

Existen monturas buenas y monturas malas. Las buenas son aquellas cuyo trípode es sólido y estable. Debe tener resistencia a la torsión y un cierto peso que asegure la estabilidad del equipo. Las buenas monturas carecen de holguras y tienen mandos de ajustes finos para poder realizar movimientos y ajustes precisos. Disponer de una buena montura marca la diferencia a la hora de poder mover y apuntar nuestro telescopio con comodidad y fiabilidad.

Existen dos tipos de monturas: las monturas altazimutales o azimutales y las monturas ecuatoriales.

Las monturas azimutales se mueven en dos ejes: altitud y azimut. Básicamente, hacen los mismos movimientos que un trípode fotográfico normal y corriente; te permiten mover el telescopio hacia arriba, hacia abajo, a la izquierda y a la derecha.

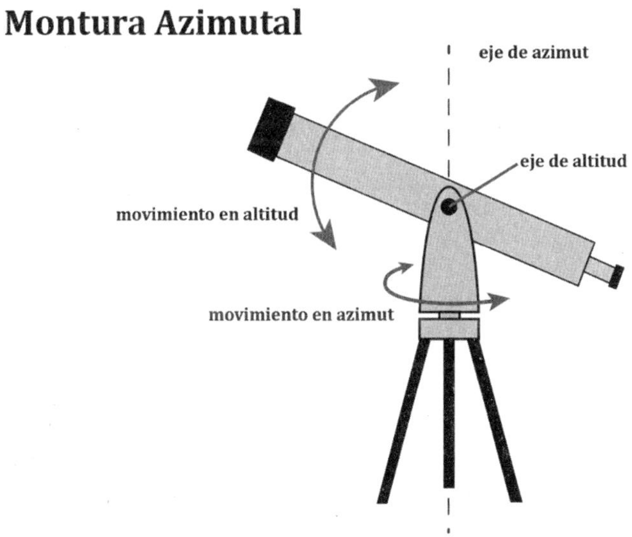

Montura Azimutal

eje de azimut

eje de altitud

movimiento en altitud

movimiento en azimut

Representación de los movimientos de una montura azimutal.

Este es el tipo de montura que llevan los telescopios Dobson. También es la montura más común en kits de iniciación disponibles en tiendas de juguetes, grandes almacenes, etc.

Son monturas muy sencillas de utilizar y muy ágiles en su movimiento, por lo que son perfectas para telescopios destinados a observar la Luna desde casa o para un telescopio tipo Dobson con el que queremos ir saltando de objeto en objeto rápidamente.

Su principal problema es la falta de precisión en sus movimientos.

Montura Ecuatorial

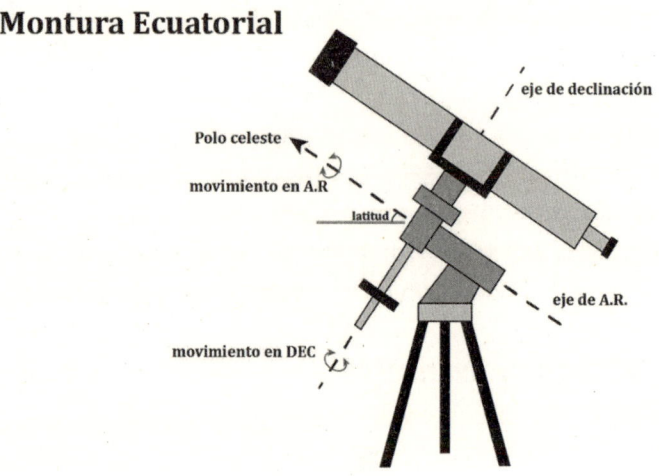

Representación de los movimientos de una montura ecuatorial.

Las monturas ecuatoriales son monturas que se alinean con el ecuador celeste. Se mueven en dos ejes llamados ascensión recta (AR) y declinación (DEC).

Este tipo de monturas son la pesadilla de todos los que se inician: son complejas de montar, su movimiento no es intuitivo, al llevar un contrapeso son más pesadas... Pero lo cierto es que son una maravilla de la precisión y completamente necesarias si, por ejemplo, deseas hacer astrofotografía.

Los ejes de ascensión recta y declinación hacen referencia a las coordenadas homónimas que se utilizan en astronomía. La posición de cualquier objeto celeste viene determinada por sus coordenadas en AR y DEC. Estas monturas mueven el equipo siguiendo esas mismas coordenadas, imitando el movimiento que realizan los astros en el firmamento, por lo que resultan extremadamente precisas.

En el lateral de la montura observarás un reloj de grados. Estas monturas deben alinearse con el polo celeste y, para facilitar esa tarea, ese reloj indica la inclinación de la montura, la cual deberá ser la misma que la latitud en la que lo estés usando.

Al ajustarlo, verás que la montura queda inclinada (salvo que vivas justamente en el ecuador). El eje que apunta hacia el polo se llama eje polar, y será esencial cuando comencemos a montar nuestro telescopio.

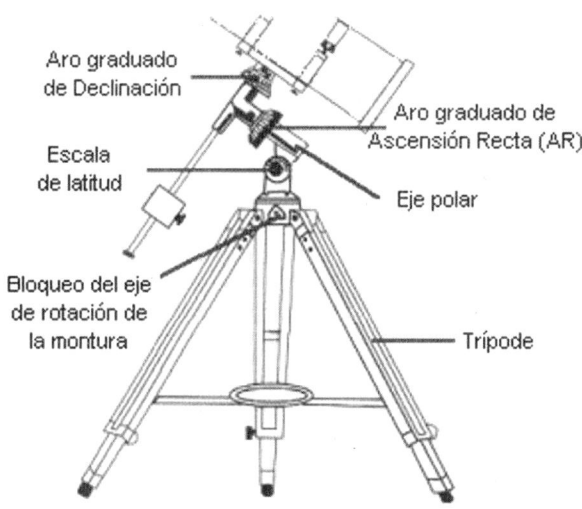

Principales partes de una montura ecuatorial.

El tubo guía o buscador

En el propio cuerpo del telescopio se suele acoplar un buscador, un pequeño telescopio o dispositivo holográfico que actúa como la mira de un rifle de caza.

El buscador nos permite dirigir el telescopio hacia el objeto o la zona del cielo deseada de forma cómoda, ya que tiene un campo de visión mucho más grande que el telescopio.

En astronomía visual existen dos tipos de buscadores: los ópticos de cruceta y los holográficos. Los buscadores ópticos de cruceta son pequeños telescopios o catalejos. En su interior, dos alambres perpendiculares entre sí forman una cruz que indica el centro y nos servirán para apuntar el telescopio al lugar deseado.

Ejemplo de buscador óptico de cruceta.

Los buscadores holográficos son similares a las miras holográficas de los rifles de asalto, si has jugado a algún *shooter* los conocerás bien. Consisten en una pantalla transparente sobre la que se proyecta un punto láser, normalmente de color rojo o verde y que cumple la misma función que los alambres del buscador óptico.

Ejemplo de buscador holográfico de punto rojo.

El enfocador

El enfocador se encuentra en el plano focal del telescopio. Es un mecanismo que nos permite enfocar la imagen a nuestro gusto. Existen distintos tipos de mecanismos, pero todos funcionan igual. Junto al ocular encontrarás una rueda o cilindro que usarás para enfocar la imagen.

Los telescopios de gama más alta incluyen enfocadores de doble velocidad que incorporan dos ruedas, una que hace cambios grandes en el enfoque y otra mucho más precisa que realiza ajustes pequeños para conseguir el resultado final.

Oculares y otros accesorios

Como aprendiste en el capítulo anterior, los telescopios son instrumentos de aumento variable y los responsables de conseguir un aumento u otro son los oculares.

Los oculares son los responsables del 50 % de la calidad de imagen; de nada te sirve tener un telescopio muy bueno si utilizas oculares de baja calidad. Te invito a que investigues sobre los oculares, un buen punto de partida para tener oculares de calidad pero que no cuesten mucho dinero son los de construcción

Plöss de marcas como Celestron, Explore Scientific o Bresser y los *ultrawide* de la marca SvBony.

En cuanto al resto de accesorios, lentes Barlow y reductores de focal, te aconsejo lo mismo. De hecho, aunque te gastes más dinero, lo ideal es que montes tu propio equipo y deseches la idea de comprar un kit, ya que normalmente las calidades de los kit son bastante malas.

Por último, existe un accesorio más que tu equipo puede necesitar o no: la fuente de alimentación.

Hay monturas que disponen de motores para contrarrestar el movimiento de la Tierra y poder seguir el objeto deseado a través del cielo. Monturas más avanzadas incorporan un sistema llamado GoTo, que mediante un pequeño ordenador en forma de mando y unos motores es capaz de guiar el telescopio de forma automática al objeto que desees y luego hacer el seguimiento del mismo.

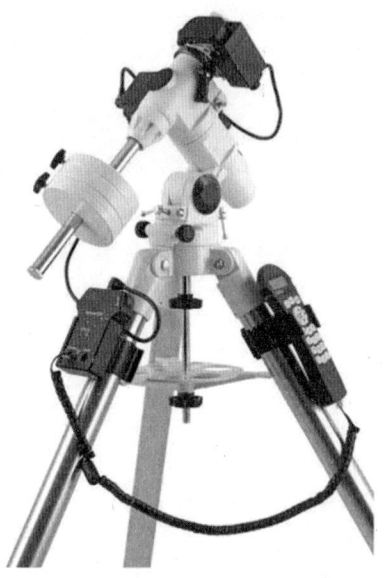

Ejemplo de una montura ecuatorial con sistema GoTo.
Se pueden observar los cables y motores de ambos ejes, la
unidad central de control y el mando de control.

Este tipo de monturas necesitan de una fuente de alimentación externa. Lo normal es recurrir a estaciones de energía recargables de marcas como Bresser, EcoFlow, Bluetti...

En lo personal, si vas a hacer astronomía visual yo no te recomendaría utilizar este tipo de sistemas. El GoTo elimina por completo la experiencia de encontrar el objeto por tus propios medios y, si algún día te falla, no serás capaz de aprovechar la sesión —en serio, he visto a compañeros de afición desmontar el telescopio y volver a casa sin haber visto ni un solo objeto porque ese día, por la razón que fuese, el GoTo no quería funcionar—.

En cuanto al sistema de seguimiento, esto realmente solo es necesario si quieres hacer astrofotografía. En visual normalmente vas a estar cambiando de objeto cada pocos minutos y, mientras observas el objeto en cuestión, puedes hacer el seguimiento manualmente y ahorrarte el sobrecoste que implica una montura motorizada.

Montaje del telescopio

Esta es una de las partes más importantes de este manual. El correcto montaje del telescopio es esencial para que este funcione de la forma adecuada y para que sus componentes no se estropeen.

Los telescopios no suelen incluir un libro de instrucciones que indique cómo montarlo y, si lo incluye, suele ser bastante superfluo y poco detallado, dando lugar a muchos errores. El montaje del telescopio debe ser casi como un ritual, un proceso que siempre se realiza en el mismo orden y para el que necesitamos estar concentrados.

Para ayudarte, voy a relatarte paso a paso y en orden cómo debes montar tu telescopio. Como ya has visto existen distintos tipos de telescopios y distintos tipos de montura y, aunque el proceso es similar, hay pequeñas diferencias según el caso. Te indicaré claramente qué pasos son exclusivos de un tipo de telescopio o montura.

Paso 1: plantada de la montura

Lo primero que debes hacer es colocar la montura.

Si tienes una montura ecuatorial, debes alinear el eje polar de tal forma que apunte hacia el norte o hacia el sur, dependiendo del hemisferio en el que te encuentres. Si es de día, ayúdate de una brújula, pero no la pegues demasiado a la montura, de lo contrario el metal de la misma inferirá un error en la brújula. Si por el contrario ya es de noche, localiza en el cielo la Estrella Polar con la ayuda de la Osa Mayor o Casiopea o el polo sur celeste con la ayuda de la Cruz del Sur tal y como aprendiste en el capítulo 2, dependiendo del hemisferio en el que te encuentres.

Las monturas azimutales no deben alinearse con el polo celeste, por lo que no importa hacia dónde miren cuando las montes.

Acuérdate de ajustar la altura de las patas de tal forma que el equipo quede a una altura cómoda para su utilización. Una vez hecho, coloca la bandeja portaoculares. Este accesorio evita que las patas se plieguen por error y aumenta la robustez del trípode de la montura.

El siguiente paso es nivelar la montura. Es muy probable que una pata te haya quedado un poco más alta que otra y que la montura esté inclinada. Esto supone un riesgo para el delicado mecanismo de las monturas ecuatoriales; además de que si la montura está desnivelada, el equipo corre el riesgo de volcar ante un golpe accidental o una racha de viento un poco fuerte. Ayúdate de un nivel y ajusta la extensión de las patas para conseguir una montura completamente nivelada.

Paso 2: colocación de la barra del contrapeso y el contrapeso (solo monturas ecuatoriales)

En las monturas ecuatoriales el centro de masas del equipo está desplazado, por lo que es necesario colocar un contrapeso en el lado opuesto del telescopio para equilibrar el eje de ascensión recta, evitar que este se dañe y evitar el riesgo de que el equipo vuelque.

Enrosca la barra del contrapeso en la montura y coloca el contrapeso en su posición más alta para que haga el menor efecto palanca posible. Cuando el equipo esté completamente montado desplazaremos el contrapeso a lo largo de la barra para conseguir un equilibrio en el eje de ascensión recta.

Paso 3: acople del telescopio

Coloca el telescopio sobre la montura y asegura el mecanismo para fijarlo. Asegúrate de que todos los tornillos y palometas están apretadas y que el telescopio está correctamente asegurado y sin riesgo de soltarse accidentalmente.

Quita la tapa del telescopio y coloca todos los accesorios necesarios: oculares, diagonal, buscador…

Coloca los cables en el caso de que tu montura tenga motores y trata de ponerlos de la mejor forma posible para evitar que cuelguen en exceso. Utiliza bridas de velcro para sujetarlos a la montura o el propio trípode. Evita que los cables estén demasiado tirantes y asegúrate de que el telescopio puede moverse libremente sin que los cables se enreden ni tiren del telescopio.

Paso 4: contrapesado (solo para monturas ecuatoriales)

Ahora el equipo ya tiene el peso final con el que va a operar. Es momento de equilibrar el equipo. Este es uno de los pasos más importantes, ya que un correcto equilibrado evitará que los ejes y engranajes de nuestra montura sufran. Si un sistema no está correctamente contrapesado, los ejes de la montura tienen riesgo de ganar holgura con el tiempo e incluso de partirse; además del riesgo añadido de vuelco del sistema ante un golpe o racha de viento.

Aloja el tornillo prisionero que sujeta la pesa a la barra del contrapeso y fíjala aproximadamente a la mitad de la barra. Ahora suelta el freno o embrague del eje de ascensión recta y coloca el telescopio de tal forma que la barra del contrapeso quede en posición horizontal. Sin frenar el eje, comprueba con cuidado si el sistema está equilibrado o, si por el contrario tiende a caer hacia el lado de la pesa o hacia el lado del telescopio.

Si cae hacia el lado de la pesa significa que hay más peso en ese lado, por lo que deberás subir la pesa un poco. Acércala hacia el telescopio y repite la operación. Si el sistema cae hacia el lado del telescopio, significa que hay más peso en ese lado y por tanto debes bajar un poco la pesa, alejándola del telescopio.

Repite estos pasos tantas veces como sean necesarios hasta que consigas que el eje de declinación quede totalmente equilibrado.

Ahora debes hacer lo mismo con el eje de declinación. Coloca nuevamente el telescopio de tal forma que la barra de la pesa quede en posición horizontal, afloja el freno del eje de declinación y coloca el telescopio también en posición horizontal.

Comprueba si el telescopio tiende a caer hacia el lado delantero o trasero y desplázalo en consecuencia para conseguir un equilibrio perfecto. Recuerda que para desplazar el telescopio debes aflojar el mecanismo que lo mantiene unido a la montura, así que realiza este paso con sumo cuidado.

Paso 5: aclimatación

En este punto, debes dejar que tu telescopio se aclimate. Las lentes y espejos de tu telescopio e incluso la propia estructura del mismo se dilatan y contraen en función de la temperatura.

Para conseguir una imagen nítida y un buen punto de foco es esencial que el equipo se adapte a la temperatura ambiente. En verano suele haber menor diferencia entre la temperatura del interior de casa o el coche y el exterior que en invierno, por lo que es normal que en verano los equipos se aclimaten más rápido. Asimismo, los telescopios más pequeños se aclimatan antes que los grandes.

Lo ideal es dejar el telescopio entre 30 y 60 minutos para que pueda hacer una aclimatación correcta. Por tanto te recomiendo que comiences a montar tu equipo entre 60 y 90 minutos antes de la puesta de Sol, así te aseguras de que el equipo estará listo tan pronto como caiga la noche.

Paso 6: colimación (solo para telescopios reflectores, incluidos los Dobson y telescopios catadióptricos)

Una vez aclimatados, los telescopios que incorporan espejos deben colimarse. Los telescopios reflectores deben colimarse cada vez que van a usarse, incluso más de una vez a lo largo de una misma noche en el caso de telescopios más grandes (16" o más).

La colimación consiste en alinear los centros de los dos espejos que incorpora el telescopio y estos, a su vez, con el centro del plano focal. Así garantizamos que los rayos de luz lleguen rectos y exactamente al punto donde deben llegar. Un telescopio mal colimado puede mostrar una imagen borrosa, con sombras e incluso, en casos extremos, una imagen totalmente oscura debido a que la trayectoria de la luz está siendo interrumpida por, por ejemplo, chocar contra una de las paredes interiores del telescopio.

Esto debe hacerse porque los espejos de los telescopios reflectores están montados sobre una superficie basculante con tres puntos de apoyo. Como estos espejos son tan frágiles, se usa este sistema que ante fuertes vibraciones o cambios drásticos de temperatura permiten al espejo moverse con cierta flexibilidad para evitar su rotura.

Para realizar la colimación de los espejos necesitarás un instrumento llamado colimador.

Ejemplo de un clásico colimador láser.

Un colimador no es más que un láser que nos va a indicar la desviación de cada uno de los espejos. Este instrumento siempre se vende por separado y existen colimadores de muchos precios. Evidentemente, se presupone que cuanto mayor sea el precio del colimador, más perfecta será la colimación que consigas. Mi experiencia me dice que no es necesario que adquieras colimadores de 300 o 400 € (salvo que tu telescopio sea de 16" o más y quieras una colimación perfecta o vayas a utilizar tu telescopio reflector para astrofotografía). Con un colimador de entre 50 y 100 € debería ser suficiente.

Para proceder con la colimación, coloca el colimador en el lugar donde normalmente pondrías el ocular y enciéndelo.

Observa que en el espejo primario (el grande) se ha proyectado un punto láser. Ese punto representa la dirección hacia donde está mirando el centro del espejo secundario (el pequeño). El espejo primario debe tener en el centro una marca, normalmente una especie de circulito. Si tu espejo primario no tiene ningún tipo de marca en su centro es porque tienes un telescopio de gama baja, lo cual es un problema porque vas a tener que hacer la colimación a ojo y con poca precisión.

Tu misión consiste en mover el espejo secundario (el pequeño) hasta conseguir que el láser esté en el centro de la marca del espejo primario (el grande). Para ello revisa el espejo secundario.

En su parte posterior este espejo debe llevar tres tornillos o palometas. Estos tornillos nunca deben estar apretados del todo, ya que su misión no es sujetar el espejo, solo desplazarlo en los tres ejes para poder colimar.

Juega a aflojar un poco (un cuarto de vuelta como máximo) uno y apretar otro. Observarás cuando ajustes un tornillo que el punto se mueve. Ve apretando y aflojando los tornillos para conducir el punto láser hasta el objetivo.

Una vez colimado el espejo secundario, llega el momento de hacer lo propio con el espejo primario.

Observa el colimador. La mayoría de modelos tienen una especie de diana que actúa como la marca central del espejo primario, solo que en este caso indica la alineación del espejo secundario respecto al primario.

En la diana deberías observar el punto láser. Si no lo observas puede deberse a dos motivos: el espejo está perfectamente colimado (no suele pasar) o el espejo está muy descolimado (lo más habitual).

Para ajustar el espejo primario, en la parte posterior del espejo hay tres tornillos similares a los del espejo secundario, pero cuidado. Como el primario es mucho más grande, normalmente hay tres tornillos adicionales que fijan el espejo en su posición para evitar un bamboleo excesivo. Si tratas de colimar el espejo sin aflojar esos tornillos es posible que la presión haga estallar el espejo.

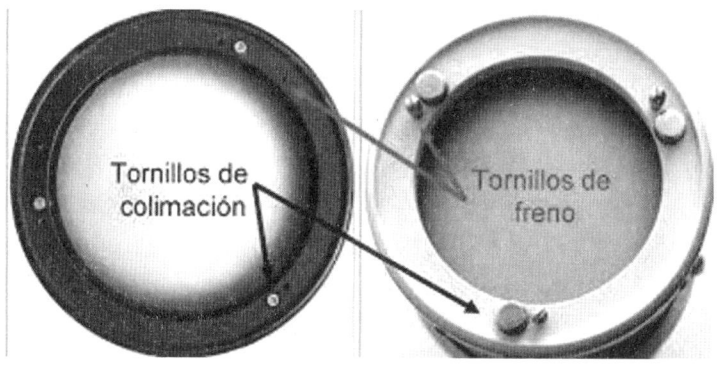

Normalmente estos tornillos son o de tipo estrella o de tipo allen. Afloja un poco los tres tornillos (entre un cuarto y media vuelta es suficiente). Ahora el espejo está liberado y podrás jugar con los otros tres tornillos para desplazar el espejo y llevar el láser al centro de la diana del colimador.

Si durante el proceso notas resistencia, afloja un poco más los tornillos que fijan el espejo. Hazlo con cuidado, ya que si desenroscas del todo los tornillos el espejo podría soltarse y caer.

Una vez colimado aprieta uno a uno y lentamente los tornillos que fijan el espejo en su posición. Es normal que al hacerlo el láser se mueva, pero si has hecho correctamente la colimación el láser debería volver a su sitio cuando aprietes el último tornillo.

En este punto el telescopio está teóricamente colimado. Digo teóricamente porque debes revisar de nuevo ambas marcas y comprobar que estén en su sitio. Si los espejos estaban muy descolimados es probable que debas repetir estos pasos dos o tres veces hasta conseguir la colimación óptima.

Te recomiendo que te tomes con calma este punto. Es vital para poder conseguir imágenes nítidas y, aunque al principio pueda parecerte un poco engorroso y complicado, cuando lo haces un par de veces se vuelve una tarea que completas en menos de cinco minutos.

Los telescopios catadióptricos no suelen necesitar una colimación de manera habitual, con hacerla un par de veces al año suele ser suficiente. El problema de estos telescopios es que la colimación es más complicada. Para ello debes apuntar tu telescopio a una estrella brillante y desenfocar la imagen hasta que en el ocular te aparezca una especie de cero o dónut. La sombra que ves en el centro del círculo es la sombra provocada por el espejo secundario.

En los telescopios tipo Maksutov solo puedes manipular el espejo primario, mientras que en los tipo Schmidt deberás jugar con el primario y el secundario.

La operación es la misma que con los telescopios reflectores, con la diferencia de que en este caso debes conseguir que la sombra esté justamente en el centro del círculo de luz.

Paso 7: puesta en estación (solo monturas ecuatoriales)

Como ves, el montaje de un telescopio es más complejo de lo que parece a simple vista. Es un proceso repleto de pequeños detalles que, si no se conocen, se pasan por alto. En este punto ya sabes más que el 95 % de todos los usuarios que intentan montar un telescopio por primera vez. Pero ahora viene un paso crucial, completamente vital si utilizas una montura ecuatorial y totalmente obligatorio si tu montura tiene motores de seguimiento o sistema GoTo.

Si recuerdas, comenzamos alineando la montura con el norte o el sur, dependiendo del hemisferio en el que estemos. Esto lo hicimos porque las monturas ecuatoriales deben ponerse en estación, es decir, deben alinearse con el polo celeste para que se muevan como deben y puedan seguir el movimiento que los astros hacen por el firmamento.

El siguiente paso es conseguir una alineación óptima con el polo celeste. En este punto, cuanto mejor y de más calidad sea nuestra montura más fácil será.

Es importante destacar que si vas a practicar astronomía visual y tu montura no tiene ningún tipo de motorización, puedes permitirte una puesta en estación muchísimo más aproximada y relajada.

El primer paso es ajustar la inclinación del eje polar de tu montura. Revisa el reloj de grados que tiene en uno de sus laterales. Debes ajustar la inclinación de tal forma que coincida aproximadamente con tu latitud norte o sur.

En este punto, si tu montura no tiene motores, ya la tienes correctamente mirando al norte o al sur dependiendo de tu hemisferio y has ajustado la inclinación en función de tu latitud, podrías dar el proceso por terminado y tu telescopio estaría listo para su uso a falta de un paso más que ahora explicaremos.

Si por el contrario tu montura tiene motores, debemos afinar esa puesta en estación que hasta ahora solo es aproximada. Para hacer esto, si nuestra montura incorpora introscopio[13] podremos conseguir una alineación precisa y de forma rápida; si no lo incluye y tampoco tiene la opción de añadirlo, deberemos usar el método de la deriva.

Puesta en estación sin introscopio

Este método consiste en conseguir una alineación polar precisa observando y ajustando el error que tiene nuestra montura al hacer seguimiento de objetos celestes. La finalidad es conseguir alinear el eje de ascensión recta con el eje de rotación de la Tierra. De esta forma, al mover solo el eje de ascensión recta, el telescopio puede seguir las estrellas sin necesidad de corregir en declinación, eliminando la deriva y rotación de campo.

Para llevarlo a cabo, debes conectar el seguimiento de tu montura. De este modo, los motores moverán el eje de ascensión recta pero no el de declinación.

Localiza en el cielo una estrella brillante que esté en el sur (si te encuentras en el hemisferio sur, la estrella a seleccionar debe estar en el norte) y ±10° del ecuador celeste[14]. En este lugar del firmamento, el movimiento de las estrellas es máximo, por lo que si corregimos la deriva en ese punto nos aseguramos de tener una excelente corrección en cualquier parte del cielo.

---

13   El introscopio o buscador de la polar es un pequeño telescopio ubicado en el eje polar de la montura que incorpora un reloj y sirve para alinear con mucha precisión el eje polar de la montura con el polo celeste. Las mejores monturas lo traen incorporado; a otras se les puede añadir como accesorio que se vende por separado y, otras, directamente no tienen la opción de usar introscopio.

14   El ecuador celeste se encuentra a 90° respecto al polo celeste. Puedes calcularlo a ojo observando la inclinación de tu montura o usar un *software* planetario como Stellarium para localizarlo con más precisión.

Apunta el telescopio a la estrella seleccionada y observa a través del ocular durante unos minutos. Como la alineación no es correcta, la estrella se desplazará hacia arriba o hacia abajo indicándonos cómo debemos mover nuestra montura para corregirla.

Si la estrella deriva hacia el sur (hacia abajo en el ocular), indica que el eje polar apunta demasiado al este.

Si deriva hacia el norte (hacia arriba en el ocular), indica que tu eje polar apunta demasiado al oeste.

La relación entre deriva y corrección puede invertirse según el hemisferio o la orientación del ocular, así que lo más fiable es hacer una prueba con un pequeño ajuste y confirmar en qué sentido responde la estrella.

Utiliza los mandos de ajuste de azimut de tu montura para mover tu montura a izquierda o derecha y ajustar la deriva. Debes ir haciendo pequeños ajustes con tres o cuatro minutos entre ellos para observar la deriva de la estrella. Cuando la estrella no se desplace ni hacia arriba ni hacia abajo tras periodos de tiempo prolongados habrás conseguido una alineación correcta en azimut.

Ahora es el momento de hacer lo mismo con la altitud (movimiento de la montura hacia arriba y hacia abajo). Localiza y apunta el telescopio a una estrella que se encuentre en el este u oeste, a una altura máxima de unos 20º o 30º y lo más cerca posible del ecuador celeste. Ahora repetimos lo que hemos hecho con el ajuste de azimut: observamos durante unos minutos y la estrella se desplazará a un lado u a otro. Utilizarás los mandos de ajuste fino de inclinación de tu montura hasta conseguir que la estrella no se desplace durante largos periodos de tiempo.

En ese punto habrás conseguido una puesta en estación satisfactoria.

Puesta en estación con introscopio

La puesta en estación con introscopio es mucho más rápida y cómoda. El introscopio es un pequeño telescopio incorporado en el eje polar de las monturas ecuatoriales de gama media y alta.

Al mirar a través de él, verás un reloj y, dependiendo del modelo, el dibujo de constelaciones como la Osa Mayor, Casiopea o el Octante.

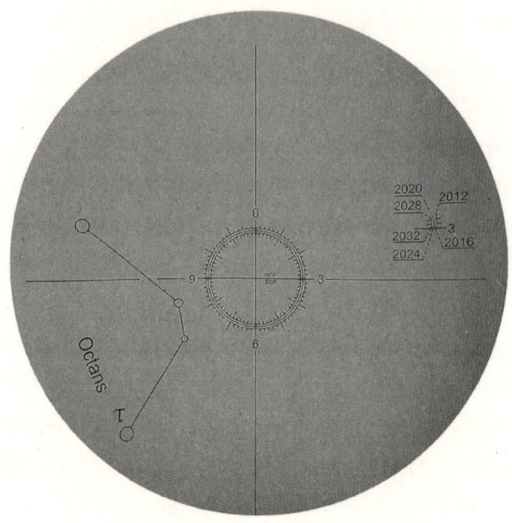

Además del introscopio te recomiendo que descargues en tu teléfono una aplicación llamada «Polar Scope Aling» o «Polar Finder». Esta aplicación te va a indicar dónde debes colocar la estrella polar (si estás en el hemisferio norte) en relación al reloj que verás dentro del introscopio.

La idea es sencilla. La aplicación te dirá en qué lugar del reloj debes colocar la estrella polar. Al mirar por el introscopio, localiza la estrella polar y utiliza los mandos de ajuste de altitud y azimut de tu montura para desplazarla y colocar la estrella polar en el lugar indicado.

Si estás en el hemisferio sur, deberás utilizar el dibujo de la constelación del Octante que verás dentro del introscopio, ya que Sigma Octantis, la estrella polar del hemisferio sur, es tan débil que no suele ser visible a través del introscopio.

Debes hacer coincidir las principales estrellas de la constelación con las marcas del introscopio. Una vez realizado, tendrás la garantía de que la montura está alineada con el polo sur celeste.

Este método es rápido, sencillo y cómodo, pero no es tan preciso como el método de la deriva. Si buscas una alineación perfecta, lo ideal sería hacer una alineación por el método de la deriva tras hacer la alineación con el introscopio; aunque realmente para una sesión de observación o de astrofotografía no es necesario.

Hay situaciones en las que sí que necesitamos hacer una alineación mucho más precisa, como por ejemplo si queremos instalar nuestro telescopio en un observatorio remoto, pero de eso ya hablaremos más adelante.

Existen otros métodos para conseguir la puesta en estación, como la utilización de un buscador digital de la polar (Polemaster) o la utilización de un *software* capaz de hacer resolución de placa[15] como AsiAir o NINA. Estos *softwares* son capaces de indicarnos con precisión los ajustes que debemos hacer en nuestra montura para conseguir una alineación polar de calidad astrofotográfica.

Paso 8: alineación telescopio-buscador

En este punto, tanto el telescopio como su montura están listos para ser usados. Pero para poder localizar esos planetas, galaxias, nebulosas y demás objetos que queremos observar necesitamos realizar un último paso: la alineación del buscador respecto al telescopio.

Piensa en el telescopio como la escopeta de una barraca de feria en el que debes disparar un corcho al premio que quieres ganar. En este escenario, el buscador es la mira de dicha escopeta

---

15   El *plate solving* (resolución de placa en español) es un método usado en astronomía y astrofotografía para determinar con precisión qué parte del cielo está observando un telescopio. Para ello se utiliza una cámara que toma una foto y un *software* que analiza la fotografía y compara el patrón de estrellas visibles con una base de datos para determinar con exactitud la zona del cielo observada.

y, para asegurarse ciertas ganancias, el feriante la ha desviado ligeramente para que te sea más difícil llevarte el premio gordo.

A tu telescopio le pasa lo mismo. Acabas de montarlo por lo que el buscador no está mirando al mismo sitio que el telescopio. Si tratas de usarlo te pasará como en la barraca de feria: perderás tiempo y dinero, pero no conseguirás tu premio.

El proceso de alineado es muy sencillo, pero requiere de cierta práctica.

En primer lugar coloca en el telescopio el ocular más grande que tengas, el que menos aumentos consiga. Ahora, afloja los embragues de la montura para liberar los ejes y poder mover el telescopio libremente.

Localiza un objeto lejano pero que esté en la Tierra. Te sugiero el pico de una lejana montaña, la copa de un árbol, una señal de tráfico, una antena de televisión... Cualquier objeto sirve, siempre y cuando esté en la Tierra y no se mueva; cuanto más lejano y pequeño sea el objeto más precisión conseguiremos en nuestra alineación.

Una vez llevado el telescopio a dicho objeto, asegúrate de colocarlo en el centro del campo de visión del ocular. Ahora mira por el buscador y verás que no está apuntando al mismo sitio. Utiliza los tres tornillos[16] que tiene el soporte del buscador para desplazar suavemente el buscador y colocar en el centro de la cruceta el mismo objeto que has centrado en el telescopio. Es importante que durante este proceso no desplaces el telescopio, por lo que desactiva los motores de la montura en el caso de que esta los tenga.

Ahora, telescopio y buscador miran al mismo sitio, por lo que ya tienes tu equipo completamente listo para usar. Ahora ya te toca empezar a buscar en el firmamento, con la ayuda de tus cartas celestes, todos esos objetos que quieres observar.

---

16   Si se trata de un buscador holográfico, este tendrá solo dos tornillos, uno por delante o por detrás, que subirá y bajará el buscador, y otro en un lateral, que desplazará el buscador de derecha a izquierda.

Paso 9: comienza a observar

Localiza en las cartas celestes el objeto deseado. Ahora mira al cielo y traza la mejor ruta hasta dicho objeto sirviéndote de las estrellas más brillantes y las asociaciones que te sean más cómodas. Una vez localizada en el cielo la zona aproximada en la que se encuentra el objeto, desplaza tu telescopio hasta esa zona mirando a través del buscador.

Recuerda que, bajo ningún concepto, debes mover la montura. Si es una montura ecuatorial, estará fija y debe quedarse siempre mirando hacia el norte o hacia el sur, dependiendo de tu hemisferio. Para desplazar el telescopio afloja los frenos de cada eje y mueve el telescopio.

Una vez tengas el telescopio en la zona deseada, utiliza un ocular de poco aumento; con él tendrás un mayor campo de visión y te será más fácil rastrear la región hasta dar con el objeto deseado. Termina de centrar el objeto en el campo de visión usando los mandos de ajuste fino y, si lo deseas, cambia el ocular por otro con el que consigas más aumentos.

Ya no hay más secretos, el resto es práctica, práctica y más práctica. Al principio parece complicado; incluso el propio movimiento del telescopio se nos hace contraintuitivo y pareciese que con esos movimientos hay regiones del cielo a las que no podemos llegar; pero te prometo que no es así.

Sigue practicando y verás como cada día que haces una observación se te hace más sencillo.

MANTENIMIENTO DEL TELESCOPIO

Ahora que ya sabes cómo montar y utilizar correctamente tu telescopio, es interesante que sepas una serie de buenas prácticas para mantener y cuidar tu telescopio y que pueda durarte años y años de afición.

La primera recomendación es muy obvia, pero necesaria: desmonta tu telescopio. La pereza puede hacernos caer en la tentación de transportar y guardar nuestro telescopio totalmente montado. Ese es un error gravísimo, ya que corremos el riesgo de golpear y dañar el equipo; además de que, si transportamos el telescopio completamente montado, los ejes de la montura (especialmente los de las ecuatoriales) pueden aflojarse y generar holguras irreparables.

Mi consejo es que desmontes totalmente tu telescopio para transportarlo y guardarlo. De este modo tu equipo se conservará como el primer día y, con un poco de organización, evitarás perder accesorios y tornillos que, a menudo, son difíciles o caros de reemplazar.

Adopta y recuerda el siguiente mantra: una sitio para cada cosa y cada cosa en su sitio. Así nunca perderás nada.

La siguiente recomendación es en referencia a la humedad. Tras una noche de observación, deja tu telescopio en posición vertical con la lente o abertura hacia el suelo durante, al menos, 12 horas. De este modo, la humedad que haya podido entrar en el tubo se condensará y saldrá del telescopio sin causar problemas de humedad en las lentes y espejos. Asimismo, añade unas cuantas bolsitas de gel de sílice antihumedad en la caja del telescopio y en las de sus accesorios.

Y en cuanto a la limpieza, evita limpiar las lentes, oculares y espejos de tu equipo. Sí, sí, como lo lees: evita limpiar.

El motivo de esta recomendación es que las lentes y espejos de los telescopios son sumamente delicados y, de limpiarlos de cualquier forma, los acabarás dañando.

Utiliza perillas y sopladores para quitar las motas y el polvo que se hayan podido adherir a las lentes y espejos, pero no los frotes ni con pañuelos, ni gamuzas, ni trapos. Si te ves en la necesidad de hacerlo, humedece una bayeta de microfibra especial para accesorios fotográficos en una disolución de alcohol isopropílico y agua destilada al 20 % y con mucha delicadeza limpia las lentes siempre de dentro a fuera.

Para los espejos de los telescopios reflectores esta solución no sirve, ya que los espejos están recubiertos por una fina capa de aluminio en polvo muy delicada. Si frotas el espejo con cualquier bayeta o elemento abrasivo, arrancarás esa capa llamada aluminizado haciendo que el espejo pierda poder de reflexión. En su lugar, debes desmontar por completo el espejo y sumergirlo en un barreño con una disolución de alcohol isopropílico y agua destilada. En YouTube puedes encontrar varios vídeos que explican cómo hacerlo, pero mi recomendación es que lo evites a toda costa y lo hagas solo como última opción en el caso de que el espejo esté tan sucio que su capacidad de reflexión se haya visto afectada considerablemente.

Lo mejor que puedes hacer es evitar que este se ensucie. No utilices el telescopio en entornos polvorientos o con arena en suspensión, evita usarlo en ambientes húmedos o ventosos, etc.

Si sigues estas recomendaciones mantendrás tu telescopio en buen estado durante mucho tiempo.

Parte III

EL OBSERVADOR PRÁCTICO

Capítulo 9

DÓNDE OBSERVAR EL FIRMAMENTO

LA IMPORTANCIA DE LOS CIELOS OSCUROS Y CONSEJOS
PARA PREPARAR UNA SESIÓN

Durante todo este tiempo has aprendido a mirar el cielo, a entenderlo y a usar los instrumentos que te permitirán explorarlo con más detalle. Pero hay un factor que todavía no hemos tratado en profundidad y que marcará la diferencia entre una experiencia mediocre y una noche inolvidable: el lugar desde el que observas.

Puedes tener el mejor telescopio del mundo, la cámara más sensible y los oculares más caros, pero si el cielo que tienes encima está cubierto de luces, humedad o turbulencias, todo tu esfuerzo será en vano.

Observar el firmamento es, ante todo, una experiencia de conexión con la naturaleza. Y como toda experiencia natural, depende del entorno. En capítulos anteriores hemos hablado de aplicaciones como Good to Stargaze, que te ayudarán a elegir un buen sitio de observación en base a la contaminación lumínica, la meteorología, el *seeing* y otros factores determinantes; pero en este capítulo vamos a ahondar más en este tema para que aprendas a buscar y reconocer lugares perfectos para la práctica de la astronomía.

Elegir un buen lugar es el primer acto de respeto hacia tu propia afición. Un cielo oscuro te permite ver lo que realmente hay ahí arriba. La oscuridad te muestra la Vía Láctea como un río lechoso que cruza el firmamento, te deja percibir la profundidad en las nubes de polvo y te envuelve en una sensación imposible de sentir en las ciudades.

La contaminación lumínica es el gran obstáculo de la astronomía moderna. Se produce cuando la luz artificial procedente de farolas, escaparates, carreteras y otras luminarias se dispersa en la atmósfera blanqueando el cielo nocturno.

En el año 2001, en la revista especializada *Sky&Telescope* apareció por primera vez la escala de cielo oscuro de Bortle, creada por John E. Bortle. Es una escala que nos permite calificar la oscuridad del cielo visto desde tierra, otorgando valores comprendidos entre el 1 (cielo más oscuro posible) y el 9 (cielo con la mayor contaminación lumínica posible).

Un dato curioso: bajo un cielo urbano (clase 8 o 9 en la escala de Bortle) apenas puedes llegar a distinguir unas 50 estrellas en el cielo. En un cielo rural (clase 4 o 5) ese número supera las mil y en un cielo verdaderamente oscuro (Bortle 1 o 2), más de cinco mil estrellas iluminan la noche. La oscuridad de esos cielos es tan abrumadora que la débil luz de la Vía Láctea es capaz de proyectar tu sombra al suelo. Una auténtica maravilla de la que solo podemos disfrutar en los desiertos más remotos del planeta.

Escoger un buen lugar de observación no significa siempre tener que viajar lejos, sino elegir de forma inteligente. Los principales factores a tener en cuenta son: la distancia a focos de contaminación lumínica, la humedad, la visibilidad del horizonte, el viento, la altitud, el *seeing* y la accesibilidad.

— Distancia a las luces urbanas: aléjate al menos 20-30 km de la gran ciudad. Una pequeña colina o sierra puede bastar para bloquear el resplandor directo de la contaminación lumínica.

— Horizonte despejado: en ausencia de contaminación lumínica, un lugar sin árboles, montañas o construcciones que tapen el horizonte son lo ideal. Lugares como grandes desiertos son perfectos por este motivo; muchas veces nos encontramos en lugares que, aunque tienen un cenit oscuro, en el horizonte podemos ver los hongos de contaminación lumínica producidos por pueblos o ciudades lejanas. Un buen punto intermedio son grandes claros en bosques de montaña como las típicas áreas recreativas y miradores que encontramos en las sierras; aunque en estos lugares debes tener cuidado con el *seeing*; y es que muchas veces los picos montañosos inducen turbulencias en las capas bajas de la atmósfera, por lo que no son los mejores sitios para practicar astronomía planetaria pero sí de cielo profundo.

—Altitud: a mayor altura, menor turbulencia y humedad. Pero no siempre más alto es mejor, un mirador ventoso puede arruinar una noche entera. Para luchar contra la humedad, aléjate del mar, lagos y pantanos.

—Accesibilidad y seguridad: el mejor cielo del mundo no sirve de nada si no puedes llegar o estar tranquilo. Busca un sitio al que puedas acceder con facilidad en coche y en el que sea posible la llegada de equipos de emergencia si fuese necesario. No es cuestión de asustarse, pero en la oscuridad podemos tropezarnos o encontrarnos con algún animal o insecto que nos haga daño. Áreas recreativas a pie de carretera o caminos secundarios poco transitados serán zonas ideales.

—Estabilidad atmosférica: revisa la previsión del *seeing* y la transparencia. Un cielo sin nubes no siempre es un cielo limpio y apto para la observación astronómica.

Recuerda también que el lugar ideal no tiene por qué ser un lugar fijo. Lo ideal es tener dos o tres lugares bien estudiados y separados entre sí por unos 50-100 kilómetros, así tienes alternativas si las condiciones no son las adecuadas en uno de ellos.

Podríamos dividir los cielos de observación en tres grandes categorías:

Cielos suburbanos

Son los que tenemos a mano: terrazas, patios, parques o azoteas.

Desde ellos puedes observar la Luna, los planetas, eclipses, conjunciones y estrellas brillantes. No es el lugar para buscar galaxias, pero sí para practicar con tu telescopio o hacer observaciones rápidas. Incluso con la contaminación lumínica, estos cielos te permiten mantener viva la afición entre sesión y sesión.

Cielos rurales

El equilibrio perfecto entre accesibilidad y oscuridad.

Un cielo de pueblo pequeño o zona de campo ya permite ver la Vía Láctea y objetos de cielo profundo como cúmulos y nebulosas brillantes. Si puedes, busca lugares con clase Bortle 3 o 4. Aquí es donde el aficionado empieza a sentirse realmente astrónomo.

Cielos de montaña o desierto

Los reinos del silencio y la oscuridad absoluta.

Desde ellos la Vía Láctea se ve tan brillante que parece que arroja luz propia. Se distinguen con claridad los colores de las estrellas y los objetos débiles aparecen sin esfuerzo. Eso sí, también son los lugares más exigentes: el frío, el viento y la soledad pueden poner a prueba tu entusiasmo. Pero todo se olvida cuando apagas la linterna y miras hacia arriba.

Cómo preparar una sesión

Salir a observar el cielo sin hacer una planificación previa es garantía de fracaso. Haciendo una especie de *check list* y aplicando un poco de sentido común aumentarás tus probabilidades de éxito. A continuación te dejo mi propia lista de verificación para que puedas copiarla:

1. Comprueba la previsión lunar. Elige el día de la observación según la fase lunar y sus horas de salida y puesta. Si deseas observar objetos de cielo profundo, la presencia de la Luna empeorará considerablemente la experiencia.

2. Consulta la previsión meteorológica. Nubes, viento y humedad son tus tres principales enemigos.

3. Genera la lista de observación. Haz una lista de los objetos que deseas observar esa noche. Anota el nombre del objeto y su número de catálogo, en qué página de las cartas celestes se encuentra, su magnitud y la mejor hora para observarlos. Así tendrás un plan de ruta ordenado con toda la información necesaria para optimizar al máximo el tiempo.

4. Prepara tu equipo. Carga las baterías, revisa las pilas de la linterna y localiza todos los elementos de tu equipo.

5. Ropa, comida y bebida. Lleva ropa de abrigo, aunque sea verano. El frío es una de las sensaciones más incómodas para el astrónomo. Una buena chaqueta *por si acaso* en el coche nunca va a sobrar. Lleva comida y bebida, en especial agua y algún refresco azucarado y con cafeína que te de energía en la madrugada, especialmente si debes conducir de vuelta. En invierno, un termo con caldo de pollo o café calentito te sabrá a gloria, te lo digo por experiencia.

6. Llega de día. El día de la observación, llegar al lugar antes de la puesta de Sol te permitirá montar tu equipo con luz natural.

7. Nunca vayas solo. La noche es peligrosa y los accidentes ocurren. Jamás vayas solo y asegúrate de decirle a algún familiar o amigo a dónde vas a ir y cuál es tu hora prevista de regreso. A menudo vamos a sitios sin cobertura y, ante

una avería en el vehículo o un accidente, esta práctica puede llegar a salvarte la vida.

Y, sobre todo, adapta tu vista a la oscuridad. Recuerda que tu ojo necesita entre 45 y 60 minutos para alcanzar su máxima sensibilidad en la oscuridad. Evita cualquier luz blanca durante ese tiempo. Utiliza linternas de luz roja, que no interfieren con la visión nocturna, olvídate del móvil y céntrate en disfrutar del entorno y la experiencia.

Como complemento adicional, una silla de playa o *camping*, junto con una mesita plegable, te permitirá tener un lugar cómodo en el que descansar, cenar e incluso estudiar cómodamente tus cartas celestes.

Capítulo 10

OBJETOS Y FENÓMENOS OBSERVABLES

CATÁLOGO BÁSICO DE PLANETAS, CÚMULOS,
NEBULOSAS, GALAXIAS Y EFEMÉRIDES

Qué se puede observar cuando se está observando. Este es un fantástico libro del astrónomo aficionado Ignacio Rabadán España, en el que recopila decenas de objetos que se pueden observar en el hemisferio norte a lo largo de las distintas estaciones y a través de un telescopio.

En este capítulo no quiero hacer lo mismo, para eso ya tienes ese libro y herramientas estupendas como Stellarium, de las que ya hemos hablado. En este capítulo te voy a contar un poco qué tipo de objetos y efemérides puedes observar y, más importante aún, cómo se ven a través de un telescopio. Y es que probablemente esta sea la realidad que más ilusiones rompe: mirar a través de un telescopio no es como ver una foto en Google.

La visión humana es muy limitada en cuanto a poder captar detalles en ausencia de luz, por lo que la visión de galaxias o nebulosas se reduce a observar manchitas borrosas y en blanco y negro. Es cierto que cuanto mejor sea nuestro telescopio, el cielo en el que lo usemos y nuestra experiencia, más detalles seremos capaces de captar, pero de primeras te aseguro que no vas a ver un pimiento.

Recuerdo que en una de mis primeras observaciones me enseñaron la galaxia de Andrómeda, una bestia luminosa que es posible observar incluso a simple vista. Cuando miré a través del ocular, yo pensaba que me estaban engañando. No veía nada.

Y es que nuestro cerebro debe aprender a observar el universo. Debemos forzar nuestro ojo a distinguir sutiles escalas de grises y detalles muy tenues, por lo que es normal que las primeras veces solo seamos capaces de observar los objetos más brillantes del firmamento, pero cuanto más practiques, más detalles finos y objetos más tenues podrás observar. Nuestro ojo y nuestro cerebro son como dos culturistas que acaban de empezar su carrera. Deben entrenar, levantando poco a poco cada vez más peso para ir ganando masa muscular.

En el sistema solar

Dentro de nuestro sistema solar hay multitud de objetos y efemérides que puedes disfrutar:

— Planetas. En detalle, podrás observar Júpiter y Saturno. Durante su oposición[17], Marte presenta detalles en sus casquetes polares, siendo incluso posible observar su atmósfera turbulenta si en ese momento tiene grandes tormentas de polvo. Observar detalles de Venus es complicado, pero puedes verlo en fase, igual que la Luna. El resto de planetas, incluso por telescopio, lucirán como pequeñas estrellas de colores pero sin detalles.

— La Luna. Hermosa compañera de la que nunca te aburrirás. En función del día de su ciclo, las sombras de sus montañas y cráteres dibujan un relieve distinto, por lo que no hay dos noches iguales en un mes. Presta atención especial al terminador, ese lugar que separa la zona iluminada de la

---

17 Momento en el que desde nuestra perspectiva un objeto se encuentra en el lugar opuesto al Sol en el firmamento, dándose las mejores condiciones para su observación.

sombría, es donde más detalles observarás. Aprovecha los días de cuarto creciente y menguante, es cuando más relieve podrás observar, y evita las noches de Luna llena, la ausencia de sombras en su superficie nos muestra una Luna plana y sin relieve. Busca bien, en su superficie hay una dama de larga melena al viento, una espada y hasta un conejo.

Rupes Recta, la espada de la Luna. Una gran falla de 110 km de largo coronada por unos picos montañosos que caprichosamente nos recuerdan a la silueta de una espada de delgada hoja y prominente empuñadura.

—Conjunciones. Cuando dos objetos se encuentran muy próximos entre sí desde nuestra perspectiva, decimos que están en conjunción. Es posible observar conjunciones entre planetas, entre la Luna y planetas, entre la Luna y estrellas y entre planetas y estrellas.

—Ocultaciones. Las ocultaciones se dan cuando un objeto pasa por delante de otro desde nuestra perspectiva. Estos curiosos eclipses nos permiten ver cómo estrellas o planetas desaparecen tras la Luna para, minutos más tarde, volver a aparecer.

—Eclipses. Lunares y solares, totales o parciales, espectáculos increíbles que no quieres perderte.

—Lluvias de meteoros. Cuando la Tierra atraviesa la nube de escombros dejada por un cometa periódico, estos diminutos fragmentos chocan con nuestra atmósfera provocando una lluvia de meteoros o lluvia de estrellas. Un evento fantástico para relajarnos mirando al cielo con amigos.

—Cometas. Algunos son visibles, otros no llegan a brillar lo suficiente. Algunos muestran colas y otros no. A veces son espectaculares y otras veces difusas manchitas que difícilmente consigues observar con visión indirecta. Pero cuando consigues pillar uno bueno... ¡Guau!

—El Sol. Lo dejo a propósito en último lugar. La observación solar es posible y completamente segura solo con filtros solares homologados. Estos filtros pueden comprarse en cualquier tienda de material astronómico y su precio no es elevado.

Cielo profundo

Fuera del sistema solar el universo es rico en objetos que impresionan hasta al menos impresionable, especialmente cuando se entiende lo que se está observando. No te voy a enumerar objetos concretos, porque la lista sería verdaderamente infinita.

—Galaxias. Enormes objetos astronómicos compuestos por cientos de miles de millones de estrellas, planetas, gas y polvo. Algunas con forma de espiral, otras alargadas, otras redondas y otras completamente amorfas e irregulares.

Astrodibujo de la galaxia NGC 6946. Fiel representación
de lo que el ojo humano observa a través de un telescopio
al mirar una galaxia. Leonor Ana Hernández.

—Supernovas. Si en una galaxia observamos un punto de luz
que antes no estaba, ojo que lo mismo acabas de descubrir
una supernova. Esto no sería raro, ya que la mayoría de las
supernovas son descubiertas por aficionados.

Astrodibujo de la supernova SN 2016cok en la
galaxia M66. Leonor Ana Hernández.

—Nebulosas. Aunque no es habitual poder ver colores en
las nebulosas por las limitaciones de la visión humana, en
el firmamento hay nebulosas de todos los tipos, formas y
tamaños. Desde las pequeñas nebulosas planetarias hasta
las impresionantes regiones HII y los remanentes de supernovas, esas nubes de gas y polvo son, probablemente, mis
objetos favoritos.

Astrodibujo de la nebulosa planetaria Helix. Leonor Ana Hernández.

—Cúmulos globulares. Son agrupaciones de cientos de miles de estrellas ligadas por la fuerza de la gravedad y ubicadas en la zona más exterior de nuestra galaxia. Todas tienen una edad similar y, en muchos de estos cúmulos, es posible observar sus estrellas de forma individual, es decir, podemos verlos como agrupaciones de estrellas individuales en lugar de como una nubecita homogénea.

—Cúmulos abiertos. Son agrupaciones de estrellas formadas a partir de la misma nebulosa. No tienen una forma concreta, pero algunos pueden recordarnos a figuras cotidianas, como el cúmulo del pato, el de la percha o el de la libélula, que curiosamente se parece más a E.T., el extraterrestre, que a una libélula.

—Estrellas dobles. Los sistemas binarios son agrupaciones de dos estrellas que se orbitan la una a la otra. En la Osa Mayor destacan Mizar y Alcor, aunque si tuviese que hablarte de un sistema binario en concreto te hablaría de Albireo, el pico del Cisne, ubicado justo en el centro del Triángulo de Verano.

—Estrellas variables. Son estrellas con ciclos de brillo variable. Algunas de estas estrellas pasan de ser invisibles a simple vista a convertirse en una de las 50 más brillantes del firmamento en cuestión de días. Destaco Algol, en Perseo, la estrella endemoniada. Su brillo varía en ciclos de 10 horas, una locura.

Capítulo 11

LA ASTRONOMÍA EN COMUNIDAD

ASOCIACIONES, ENCUENTROS Y CÓMO
COMPARTIR LA AFICIÓN

Históricamente la astronomía ha sido una afición solitaria. Afortunadamente la llegada de internet, las revistas especializadas y la divulgación han hecho que eso cambie.

Practicar la astronomía en comunidad es la mejor forma de disfrutar y mejorar. Cuando un grupo de aficionados se reúne comparten equipos, conocimientos y destreza, lo que te permite ganar más puntos de experiencia y subir de nivel de forma rápida y sencilla.

En España existen casi cien asociaciones astronómicas pertenecientes a la Federación Española de Asociaciones Astronómicas. Repartidas por todo el país, en estas agrupaciones encontrarás amigos y compañeros dispuestos a enseñarte todo lo que saben, dejarte observar a través de sus equipos y asesorarte a la hora de mejorar tu equipo.

Hacerse socio de una de estas asociaciones es muy sencillo, económico y recomendado. Aunque varía, normalmente la cuota de socio no llega a los 5 €/mes. Además, una de las labores principales de estas asociaciones es la divulgación, por lo que podrás participar en charlas, talleres y observaciones, tanto públicas como privadas.

Y aunque haya hablado específicamente de España por ser el país en el que vivo y el que más conozco, hay asociaciones de este tipo por todo el mundo. Te recomiendo que busques la más cercana a tu casa y te unas a ella.

Las *star parties* son eventos organizados por la comunidad de astrónomos, normalmente asociadas con algún evento especialmente llamativo como un eclipse o una lluvia de meteoros. Son eventos donde aficionados con y sin relación entre ellos se reúnen en un lugar concreto, llevan sus equipos y disfrutan de su pasión en compañía de otros aficionados de los que aprender y a los que enseñar.

Por último, pero no por ello menos importante, en internet hay infinidad de foros, grupos de Facebook, servidores de Discord y canales de YouTube en los que encontrarás a gente con tu misma afición e inquietudes. Te sorprendería la de amigos que he hecho gracias a internet.

¡Importante! Debes saber que en cualquier sesión compartida con otros aficionados existe una serie de reglas no escritas que todos respetamos y sirven para evitar molestias y generar un buen ambiente de cooperación:

— No utilices linternas de luz blanca ni apuntes con ellas a los demás. Usa siempre luces rojas y de baja intensidad.

— Evita el ruido innecesario. El silencio es parte de la experiencia, nos permite sumergirnos en el entorno y escuchar los ruidos naturales de la noche. Además, muchas veces necesitamos concentración para localizar esos objetos que deseamos por lo que evita hablar a gritos, poner música o generar cualquier ruido innecesario.

— Coordina los movimientos de los vehículos. De noche es importante llegar con las luces del vehículo apagadas para no deslumbrar a los compañeros que ya estén observando. Del mismo modo, si te vas antes que el resto, hazlo con las luces apagadas y enciéndelas cuando sepas que ya no les vas a deslumbrar.

— Aparca tu vehículo de tal forma que no obstaculices el paso de otros vehículos y que puedas salir con él de forma cómoda sin afectar a ningún telescopio. Esto se aplica también al lugar de montaje de tu equipo; no lo montes en un lugar por el que debe pasar o maniobrar un vehículo para llegar o salir.

—No dejes nada y llévate solo la experiencia. Los astrónomos disfrutamos los lugares naturales y queremos conservarlos para siempre, por lo que no dejes ningún tipo de basura o huella de tu paso. Al marcharte nadie debe saber que tú has estado ahí. Tampoco te lleves nada. Si quieres un recuerdo de esa noche llévatelo en la memoria, pero no te lleves trozos del entorno natural.

—Usa el sentido común. Si estás con gente a la que no conoces y con la que no tienes confianza, eleva el respeto hacia los demás a su máxima expresión y evita hacer cualquier cosa que pueda molestar al resto. Ni que decir tiene que cualquier aficionado te dejará mirar a través de su equipo, pero no lo toques sin permiso.

—Animales y niños pequeños. Soy consciente de que este es un tema delicado, pero si tienes animales de compañía o niños pequeños, piensa si esa actividad es adecuada para ellos. El corretear de un animal o de un peque en mitad de la noche puede suponer un gran riesgo para los equipos, para el resto de compañeros y para ellos mismos. Del mismo modo los ladridos de un perro o llantos de un niño pequeño pueden resultar molestos para el resto de usuarios.

Capítulo 12

EL DIARIO DEL ASTRÓNOMO

LA IMPORTANCIA DE REGISTRAR OBSERVACIONES:
NOTAS, BOCETOS Y PRIMERAS FOTOS

En este punto ya eres capaz de planificar una sesión de observación perfectamente. Tienes los conocimientos y herramientas necesarias para observar cualquier objeto que te propongas y, quizás, incluso ya hayas encontrado un grupo de aficionados con el que compartir la experiencia. Ahora es el momento de ir un paso más allá y seguir los pasos de astrónomos pasados y presentes que con sus registros nos ayudan a entender la evolución del cosmos y de la propia astronomía.

Escribir un diario de observación es la mejor forma de registrar tus observaciones y plasmar los detalles que consigues discernir en los objetos que veas. El diario sirve a uno mismo y al resto, ya que siempre podrás echar la vista atrás y comparar tus descripciones actuales con las pasadas y darte cuenta de lo mucho que has progresado y cómo ha mejorado tu capacidad para captar detalles a través del telescopio. Además, si observas algo *raro* que no sabes identificar, ese diario será la prueba de que lo viste.

No existe una única forma de escribir un diario de observación, al final este incluirá los datos que tú creas relevantes. Te dejo lo que yo registro en el mío por si quieres tomarlo de ejemplo:

—Fecha y lugar de la observación. Registra la fecha y el lugar desde el que haces la observación. Ya sabemos que no todos los cielos son iguales y que no todos los objetos se observan desde todo el planeta, por lo que saber dónde y cuándo viste lo que viste es muy importante.

—Equipo utilizado. Sabiendo el equipo que usaste se pueden hacer cálculos y comparativas del brillo del objeto y, si observas dos veces el mismo objeto en fechas distintas pero con el mismo equipo y desde el mismo lugar, podrás deducir si el cielo tiene mejores o peores condiciones basándote en las comparaciones de tus descripciones.

—Acompañantes. Existen los descubridores y los codescubridores. Es importante anotar quien te acompaña por si tú o alguno de tus acompañantes descubre algo.

—Objetos observados. Añade el nombre y el número de catálogo del objeto observado (suponiendo que ya esté descubierto) junto a una descripción de lo que ves a través del ocular. Además de toda la información que creas relevante, como por ejemplo la hora o la altura del objeto sobre el horizonte.

—Datos adicionales. ¿Te animas a intentar hacer un astrodibujo que represente lo que ves? Eso podría ser de ayuda el día de mañana. Deja registro de todo lo que estimes oportuno: temperatura, humedad, velocidad del viento, escala Bortle del cielo, etc. Como te digo no hay una única forma de escribir un diario de observación.

Lo normal es que escribas este diario en algún cuaderno o libreta, pero te animo a que luego lo pases al ordenador e incluso que te aventures a subirlo a internet para compartirlo con la comunidad. Fue precisamente así como comenzó mi trabajo en redes sociales y, por eso, el nombre de mis redes es *El Diario del Astrónomo*.

Cuando no recuerdo si he observado o no un objeto concreto, echo mano de mi diario de observación y lo busco. Al tenerlo digitalizado en el ordenador puedo hacer una búsqueda por nombre o palabras claves y leer la descripción, saber en qué fecha lo observé, con qué equipo y muchas cosas más. Aún no he descubierto nada nuevo pero, si algún día lo hago, mi diario será el primero en saberlo.

Una muy buena forma de mejorar un diario de observación es añadir fotografías de dichos objetos. Debes saber que puedes acceder a los repositorios de telescopios profesionales y adjuntar una de esas fotos, pero lo verdaderamente interesante y enriquecedor es añadir tus propias fotografías ya que si observas algo nuevo, como por ejemplo una supernova en una galaxia, no existirán fotos previas y la tuya será la primera y la que de la vuelta al mundo.

Aunque claro, para hacer eso es necesario dominar la astrofotografía, algo de lo que vamos a hablar en el siguiente capítulo. Por ahora te animo a que busques un cuaderno o libreta y empieces tu diario de observación. Verás que es una herramienta muy útil y satisfactoria, especialmente durante tus primeras sesiones.

Parte IV

ASTROFOTOGRAFÍA

Capítulo 13

INTRODUCCIÓN A LA ASTROFOTOGRAFÍA

QUÉ ES, CÓMO EMPEZAR Y QUÉ ESPERAR DE ESTA DISCIPLINA

Hasta ahora, has aprendido a mirar el cielo con calma, a identificar constelaciones, orientarte, usar prismáticos y dominar tu telescopio. Has recorrido el mismo camino que siguieron todos los astrónomos aficionados del mundo: empezar observando con los ojos, después con las lentes… y ahora llega el siguiente paso natural: capturar lo que ves.

Ante una astrofotografía, una de las preguntas más frecuentes es «¿de verdad eso se ve así por el telescopio?». La respuesta es no… y sí.

En este libro ya has visto ejemplos de cómo se ve el universo a través de un telescopio usando el ojo humano, pero es que el ojo humano no acumula luz. Nuestro ojo solo percibe los fotones que le entran durante una fracción de segundo, por eso a través de un telescopio los objetos de cielo profundo se ven oscuros, difusos y sin color.

La cámara, en cambio, traduce longitudes de onda que el ojo no detecta, y al hacerlo nos permite ver el universo tal como es, no solo como lo percibimos. Podemos captar la luz que emiten elementos químicos concretos como el hidrógeno, el oxígeno o el azufre y después, durante el procesado, podemos asignar un color concreto a cada uno de esos elementos para destacarlos en la fotografía final. No es un falso color: es una interpretación científica de la luz.

Lo invisible se hace visible, y eso es lo que convierte a la astrofotografía en una herramienta tan poderosa para hacer ciencia.

La astrofotografía es, al mismo tiempo, arte, ciencia y paciencia. Es el punto de encuentro entre la emoción de mirar el cielo y la precisión técnica necesaria para registrarlo. Y, aunque a menudo se asocia con equipos caros y procesos complejos, lo cierto es que cualquiera puede iniciarse con un conocimiento básico de astronomía y unas pocas herramientas bien utilizadas.

En este capítulo aprenderás los conceptos básicos que sostienen toda la astrofotografía moderna: cómo una cámara acumula luz, qué significa el tiempo de exposición, qué papel juega la sensibilidad ISO, y por qué apilar muchas fotos es la clave para revelar los detalles más sutiles del universo.

LA ESENCIA DE LA ASTROFOTOGRAFÍA

A diferencia de la fotografía diurna, donde la luz abunda, la astrofotografía trabaja con lo más escaso que existe: fotones que llegan desde el espacio. Muchos de ellos han viajado durante miles o millones de años antes de caer sobre el sensor de tu cámara. Tu trabajo consiste en recolectarlos pacientemente.

Una cámara no ve el cielo como lo hace tu ojo. Mientras el ojo solo percibe luz de forma instantánea, el sensor de una cámara puede acumular luz durante segundos, minutos o incluso horas. Esa acumulación —lo que llamamos exposición— es lo que permite ver lo invisible: nebulosas tenues, colores sutiles o las estructuras de una galaxia lejana.

La astrofotografía, por tanto, no inventa nada, simplemente observa el universo durante más tiempo que el ojo humano.

El funcionamiento de la cámara

Una cámara (ya sea réflex, *mirrorless* o astronómica) funciona de manera sencilla: abre un obturador, deja pasar luz durante un tiempo determinado y la registra en un sensor.

Los tres parámetros fundamentales que controlan esa luz son: tiempo de exposición, sensibilidad ISO y apertura.

En fotografía diurna los ajustas por estética; en astrofotografía, los ajustas por necesidad.

El tiempo de exposición es el periodo en el cual el sensor de la cámara está capturando fotones. Cuanto más tiempo esté registrando fotones, más brillantes y detalladas serán las imágenes conseguidas.

En astrofotografía, es completamente normal utilizar tiempos de exposición de 60, 120 o incluso 300 segundos; algo que en fotografía diurna sería totalmente impensable. Pero claro, estos tiempos de exposición tan altos introducen un problema: la Tierra gira.

Durante esos segundos o minutos que el sensor está capturando fotones, la Tierra gira y el cielo se mueve, provocando que las estrellas no salgan como puntos, sino como trazas. En otras palabras, las fotos salen movidas. Para evitar eso se utilizan monturas motorizadas que compensan el movimiento terrestre, siguiendo el movimiento natural del cielo y haciendo que las estrellas permanezcan inmóviles a ojos de la cámara.

El ISO determina cuán sensible es el sensor a la luz. Un ISO alto amplifica la señal digital del sensor permitiendo obtener imágenes más brillantes. Pero también amplifica el ruido electrónico, ese grano que estropea la nitidez de la fotografía.

La clave está en usar el ISO más eficiente para tu cámara y tus condiciones. Cada modelo de cámara tiene un ISO nativo en el que el ruido es mínimo; aunque si debes aumentar el ISO por encima de ese valor nativo, hay trucos para reducir el ruido y que te enseñaré más adelante.

La apertura en fotografía (expresada como f/1.4, f/4.5, f/7, etc.) controla cuánta luz pasa por el objetivo fotográfico o el telescopio. Cuanto menor sea el número f, más apertura tendrá la lente y más luz dejará pasar. En astrofotografía esto se traduce en mayor luminosidad con menor tiempo de exposición e ISO necesario.

Estos tres parámetros están relacionados y forman el triángulo de exposición. Modificar uno de ellos afecta necesariamente a los demás. Por ejemplo:

—Si aumentas el tiempo de exposición, puedes reducir el ISO y el ruido bajará.

—Si cierras un poco la apertura (f/4 → f/5.6), ganarás nitidez pero perderás luz, por lo que tendrás que compensar con más tiempo de exposición o aumentando el ISO.

—Si subes el ISO, podrás acortar el tiempo de exposición, pero aumentarás el ruido.

El objetivo en astrofotografía es maximizar la señal y minimizar el ruido y todo el proceso gira en torno a esa relación señal/ruido. Cuanto mejor entiendas esta relación, mejores resultados obtendrás, sin importar el equipo que uses.

Y ahora es cuando te explico el truco para reducir muchísimo el ruido y aumentar al máximo la señal: el apilado.

Si solo hicieras una fotografía de larga exposición, obtendrías una imagen con mucho ruido y poco detalle. Por eso los astrofotógrafos no toman una sola foto, sino decenas o cientos de exposiciones más cortas, que luego combinan con un proceso llamado apilado.

El truco es sencillo: imagina que quieres conseguir 4 horas de exposición de un objeto. Puedes tener la cámara disparando durante 4 horas seguidas, con lo que conseguirás una señal aceptable pero una barbaridad de ruido, o puedes tomar 480 fotografías individuales de 2 minutos de exposición cada una.

Al apilar las 480 fotografías individuales, sumas la información que hay en cada una de ellas reforzando la señal del objeto que estás fotografiando y el ruido, que aparece siempre de forma aleatoria, se cancela y desaparece al promediarse. Cuantas más fotografías apiles, más limpia y detallada será la imagen final.

Tipos de astrofotografía y sus requerimientos

Ahora que ya comprendes cómo se captura la luz, conviene entender qué técnicas existen y qué necesitan:

a) Fotografía de gran campo

— Cámara + trípode (o *star tracker* opcional pero recomendada).

— Objetivos luminosos (f/2.8 o f/4).

— Exposiciones cortas (15-30 s) o múltiples exposiciones apiladas.

— Ideal para paisajes nocturnos, constelaciones y la Vía Láctea.

b) Planetaria y lunar

— Telescopio de focal larga (1000 mm o más).

— Cámara de vídeo o planetaria que grabe un vídeo a una alta tasa de fotogramas por segundo.

— Se eligen los mejores fotogramas y se apilan.

— Permite obtener gran detalle en Júpiter, Saturno, Marte, la Luna e incluso el Sol.

c) Cielo profundo

— Montura motorizada con guiado.

— Telescopio luminoso (relación focal corta, f/5 o menor).

—Cámara astronómica o DSLR modificada.

—Decenas de exposiciones de varios minutos + apilado.

Cada modalidad comparte los mismos principios de luz y estabilidad, pero cambia la escala y la dificultad. En el siguiente capítulo vamos a hablar en profundidad de las monturas y cámaras que puedes utilizar para hacer astrofotografía y te darás cuenta de que hasta con un teléfono móvil puedes empezar.

Capítulo 14

CÁMARAS Y MONTURAS *STAR TRACKER*

CÓMO CONSEGUIR LAS PRIMERAS FOTOGRAFÍAS CON POCA INVERSIÓN

Ya sabes cómo hace una cámara para capturar luz y cómo el tiempo de exposición permite ver más allá de lo que percibe el ojo humano. Ahora toca pasar a la práctica: qué cámara usar y, sobre todo, cómo mantener las estrellas quietas durante el tiempo suficiente para que la foto no salga movida.

En este capítulo aprenderás que la clave de la astrofotografía no está solo en la cámara, sino en el control del movimiento del cielo. Podrás tener un gran equipo, pero si las estrellas se mueven, ninguna exposición servirá. Por eso, el primer gran paso hacia la astrofotografía real es entender la montura motorizada o *star tracker*, el dispositivo que compensa la rotación de la Tierra y te permite capturar la belleza del cielo profundo con precisión.

La buena noticia es que, para empezar, no necesitas una cámara astronómica especializada. Cualquier cámara digital moderna puede servirte si cumple estas condiciones básicas:

— Control manual total: poder ajustar tiempo de exposición, apertura, ISO y enfoque.

— Modo de exposición larga (*bulb* o manual): para hacer fotos de varios segundos o minutos.

— Posibilidad de disparo remoto: mediante cable, aplicación o intervalómetro.

—Formato RAW o similar (sin comprimir).

Cualquier cámara DSLR o *mirrorless* cumple con estas condiciones. En conjunto con un buen objetivo luminoso ya tendrás (a falta de la montura) todo lo necesario para hacer astrofotografía de gran campo. Con un adaptador adecuado, podrás acoplar esta cámara a un telescopio y usarla para hacer cielo profundo y, si además permite capturar vídeo, también te servirá para astrofotografía planetaria en conjunto con un telescopio.

Otra opción son las cámaras dedicadas. No sirven para fotografía convencional, solo para astrofotografía. Carecen de pantalla, botones o baterías; se conectan mediante USB a un ordenador y se manejan mediante programas específicos (FireCapture, NINA, AsiAir...). Tampoco disponen de objetivos, son exclusivas para usar con telescopio.

Sus principales ventajas es que tienen sensores muy sensibles con un ruido mínimo; además, las específicas para cielo profundo llevan refrigeración activa del sensor, lo que nos permite colocar el sensor a temperaturas bajo cero de forma constante para minimizar aún más el ruido térmico. Otra ventaja es que se fabrican en formatos especializados: monocromo para trabajar con filtros de color y conseguir un mayor detalle y a color, para un uso más general.

Se use la cámara que se use, el problema número uno de la astrofotografía es la rotación de la Tierra. Este movimiento es imperceptible para la vista, pero una fotografía de larga exposición sí la reflejará, provocando que las estrellas se vean como estelas alargadas.

Y lo peor es que no hacen falta grandes tiempos de exposición para notar el efecto. Usando un objetivo de 24 mm, con 20 segundos de exposición las estrellas ya mostrarán estela. Si usamos un objetivo de 50 mm, el límite de tiempo se reduce a 10 segundos.

A esto se le conoce como la regla del 500, una fórmula rápida para calcular el tiempo máximo de exposición sin trazas:

Tiempo máximo (en segundos)=500÷distancia focal del objetivo (en mm)

Ten en cuenta que esto es una regla orientativa y varía según el tamaño del sensor de la cámara (APS-C o *full frame*), pero sirve para entender el límite físico.

Monturas *star tracker*

La solución al problema de la rotación terrestre es la utilización de una montura motorizada. Cuando hablamos de monturas *star tracker*, normalmente nos referimos a monturas ligeras o incluso a pequeños accesorios que nos sirven para motorizar nuestra cámara y que esta contrarreste el movimiento de rotación terrestre.

Este tipo de monturas nos pueden servir para montar equipos y cámaras ligeras de hasta unos 4 kg aproximadamente; aunque hay que verificar las prestaciones de cada *star tracker* concreta para confirmar el peso que es capaz de aguantar. En esencia, son versiones ligeras y portátiles de la clásica montura ecuatorial, por lo que necesitan alinearse con el polo celeste para realizar su trabajo de forma correcta.

Existen trackers aún más pequeños que se pueden acoplar a cualquier trípode fotográfico. Dispositivos como el NOMAD de la marca MSM es una solución práctica y extremadamente portable para conseguir hacer astrofotografías de gran campo con una cámara ligera, pero su precisión no es comparable a la de una star tracker más avanzada.

Aun así, esta no es una solución mágica. El uso de una montura con seguimiento sideral nos permitirá aumentar el tiempo de exposición, pero no podremos aumentarlo indefinidamente. De media, una montura *star tracker* permite exposiciones máximas de:

—De 3 a 4 minutos con focales cortas (14-35 mm).

—De 1 a 2 minutos para focales intermedias (50-85 mm).

—30 segundos para teleobjetivos (200 mm o más).

Es decir, con un *tracker* ya vas a poder hacer cosas interesantes, especialmente en el mundo de la astrofotografía de gran campo y en la de paisaje nocturno con Vía Láctea. Pero si buscas aumentar la distancia focal y lanzarte a capturar objetos de cielo profundo más pequeños y débiles, necesitarás aplicar una técnica adicional al seguimiento sideral: el guiado.

Capítulo 15

EL GUIADO

CÓMO LOGRAR EXPOSICIONES LARGAS Y PRECISAS
MEDIANTE SISTEMAS DE GUIADO

Hasta ahora has aprendido que prácticamente con cualquier cámara puedes capturar el cosmos y que un *star tracker* ligero te será de gran ayuda para aumentar el tiempo de exposición. Pero llega un momento en el que ese tiempo de exposición no es suficiente o que el peso de nuestro equipo necesita de una precisión mayor. Es ahí cuando debemos incorporar el guiado.

El guiado es uno de los avances más importantes de la astrofotografía moderna. Es un sistema que permite mantener el telescopio perfectamente centrado en el objetivo durante horas. Como comprenderás, para los astrofotógrafos más profesionales el guiado no es un simple accesorio opcional, es el corazón de la astrofotografía de cielo profundo.

¿Cuándo es necesario el guiado?

Aunque uses una montura motorizada perfectamente puesta en estación, siempre hay pequeños errores mecánicos producidos por la imperfección y el desgaste de los engranajes de la montura.

Durante una larga exposición de varios minutos, esos pequeños e imperceptibles errores se acumulan y acaban provocando un error macroscópico observable en la fotografía. En otras palabras, quieras o no quieras, si haces exposiciones muy largas al final la foto saldrá movida.

El guiado corrige esos pequeños errores en tiempo real. Mientras la cámara principal realiza la fotografía, una segunda cámara toma como referencia una estrella y la vigila con una precisión de pocos píxeles. De este modo, si la cámara observa que la estrella se mueve, envía pequeños y constantes pulsos a la montura para corregir ese desplazamiento y mantener la estrella centrada.

Gracias a este sistema se pueden conseguir fácilmente tiempos de exposición de 5, 10 o incluso de 20 minutos por toma —dependiendo de la calidad del guiado, la montura, el cielo y un montón de factores, pero la idea es esa—, lo que multiplica la cantidad de luz y detalles que puedes capturar en una única fotografía.

Ten en cuenta que el guiado solo se utiliza en astrofotografía de cielo profundo. Para la astrofotografía planetaria no es necesario, ya que esta disciplina no se realiza tomando fotografías, sino grabando vídeos.

¿En qué consiste el guiado?

Antes ya te he adelantado un poco, pero el sistema de guiado está formado por cuatro componentes principalmente:

— Tubo guía. Pequeño telescopio montado en paralelo al telescopio principal o cámara (el equivalente al buscador en un telescopio con el que solo vamos a observar).

— Cámara guía. Cámara sensible, normalmente una cámara planetaria monocroma, que capta las estrellas de referencia.

— *Software* de guiado. Un programa (como PHD2 Guiding) que analiza los movimientos de las estrellas de referencia.

—Montura con autoguiado. Una montura capaz de conectarse al ordenador para recibir los pulsos de guiado que este le manda.

El proceso por el cual funciona el guiado es muy sencillo.

Primero el *software* observa la estrella guía gracias a la cámara y al tubo guía. Si la estrella se desplaza ligeramente, el programa calcula cuánto y en qué dirección. Inmediatamente, el *software* envía una orden a la montura para que haga un ajuste en su posición y volver a centrar la estrella.

Este ciclo se repite continuamente, normalmente cada uno o dos segundos, por lo que el telescopio se mantiene perfectamente centrado sobre el mismo punto del cielo durante todo el tiempo que dure la sesión.

Capítulo 16

EL APILADO Y EL PROCESADO DE ASTROFOTOGRAFÍAS

TRANSFORMAR MÚLTIPLES CAPTURAS
EN IMÁGENES ESPECTACULARES

Has pasado noches enteras haciendo capturas, afinando la puesta en estación, perfeccionando el guiado y llenando tarjetas de memoria con decenas o cientos de imágenes del mismo objeto. Hasta ahora, solo tienes archivos aparentemente idénticos y sin mucho detalle. Y aquí es donde la magia comienza.

La verdadera astrofotografía no termina cuando apagas la cámara. Empieza en el ordenador, cuando transformas esa colección de tomas en una imagen limpia, profunda y llena de matices. Ese proceso se divide en dos etapas fundamentales: el apilado y el procesado.

El apilado elimina el ruido y potencia la señal. El procesado revela la estructura, el color y la textura oculta en los datos.

EL APILADO

Cada fotografía que tomas contiene dos componentes: la señal y el ruido. La señal es la luz real del objeto que has fotografiado. El ruido, en cambio, son variaciones aleatorias producidas por el sensor y la electrónica de la cámara.

El apilado consiste en combinar muchas fotografías de la misma región del firmamento para reforzar la señal y reducir el ruido. El resultado es una imagen más limpia, más profunda y con un mayor rango dinámico.

Matemáticamente, el ruido disminuye con la raíz cuadrada del número de tomas, es decir: si apilas 4 fotografías, el ruido se reduce a la mitad; si apilas 16, se reduce a una cuarta parte y, si apilas 100, el ruido baja a una décima parte del original.

En otras palabras, cuantas más imágenes apiles, mejor.

TOMAS DE CALIBRACIÓN

Si tenemos entre manos una astrofotografía de cielo profundo, antes de realizar el apilado, es necesario «limpiar» cada fotografía de los defectos del equipo y del sensor. Defectos producidos por manchas o motas en la lente o el sensor, ruido térmico o píxeles calientes o muertos del sensor pueden provocar errores, sombras y pérdida de información en nuestra imagen apilada, por lo que introducimos las llamadas tomas de calibración.

Estas tomas de calibración le permiten al *software* de apilado suprimir los errores de la imagen final, por lo que son cruciales para un buen resultado, incluso cuando la cámara es de gama alta.

— *Darks*. Se hacen con la cámara tapada, con el mismo tiempo de exposición, temperatura e ISO que se ha usado en las tomas de luz (los *light*). Su función es registrar el ruido térmico y los píxeles calientes del sensor.

Son las más pesadas, ya que lo ideal es tener entre 50 y 100 *darks*, por lo que puedes tardar varias horas en realizarlas. Si tienes una cámara con refrigeración activa y siempre utilizas el mismo tiempo de exposición y ganancia, puedes tener una biblioteca de *darks* guardada en el PC que vayas reutilizando.

— *Bias*. Son las más rápidas: se hacen con la tapa puesta y el tiempo de exposición más corto posible. Registran el ruido electrónico de lectura del sensor. Hoy en día, muchos astrofotógrafos los omiten si usan *darks* bien hechos, pero siguen siendo útiles para cámaras sin refrigeración.

— *Flats*. Se realizan con la cámara montada en el telescopio, con el mismo ángulo de rotación, temperatura y enfoque que las tomas *light*. Su función es eliminar las sombras provocadas por viñeteo y motas de polvo en la lente o el sensor. Para ello se apunta el telescopio a una superficie uniformemente iluminada y se realizan exposiciones buscando conseguir una media de histograma del 50 %.

— *Dark flats*. Se hacen igual que los *flats* pero con el telescopio tapado. Sirven para capturar el ruido térmico del sensor y limpiarlo de los *flats*.

El conjunto de estos cuatro tipos de tomas forman el kit de calibración. Puede parecer tedioso —que lo es—, pero su impacto en la calidad final es enorme.

Con las tomas *light* de nuestro objeto de cielo profundo y las tomas de calibración listas, ya podemos usar cualquier *software* para realizar el apilado. Existen muchas alternativas en el mercado: Deep Sky Stacker, SIRIL, PixInsight, Photoshop, etc., por lo que el proceso a seguir dependerá del *software* utilizado.

El procesado

Una vez apilada nuestra imagen llega el momento de revelar nuestra astrofotografía final. El archivo resultante tendrá una cantidad enorme de información, pero estará «enterrada» en un rango de luminosidad muy estrecho. El objetivo del procesado es ampliar ese rango y hacerlo visible.

Nuevamente, hay varios *softwares* que puedes utilizar. Algunos más generalistas como Photoshop o Lightroom pueden darte un resultado aceptable, pero lo ideal es usar *softwares* específicos para astrofotografía. El más conocido es PixInsight, un programa tan potente como caro, pero te aseguro que merece la pena. En formato gratuito (pero menos potente) puedes decantarte por Siril.

Cada tipo de astrofotografía y programa tiene su propia manera de trabajar, pero el proceso, en el fondo, sigue más o menos los mismos pasos.

— Estirar el histograma para expandir los niveles de brillo y hacer que las zonas oscuras y las nebulosidades se hagan visibles.

— Corregir el fondo para eliminar gradientes o dominantes producidas por contaminación lumínica o el viñeteo natural del tren óptico.

— Calibrar el color para que las estrellas y nebulosidades muestren colores naturales o científicos, dependiendo del uso que se le vaya a dar a la captura.

— Aumentar contraste y saturación para realzar estructuras, detalles y colores difusos sin exagerarlos.

— Reducir el ruido y ajustar estrellas para suavizar el fondo y dar un aspecto limpio y equilibrado a la imagen final.

Entrar en todo este tema en profundidad literalmente daría para un libro entero. Y es que como te estarás dando cuenta estoy pasando muy de puntillas por todo el tema de la astrofotografía.

La astrofotografía es una disciplina enorme, tan complicada como deseemos profundizar en ella y, al margen de la extensión que acabaría teniendo este libro si la desarrollase, creo que este manual tampoco debe profundizar en ella. He querido incluir un bloque de astrofotografía para demostrarte que, aunque desde fuera parece que la astronomía visual y la astrofotografía parecen disciplinas parecidas, realmente son dos mundos muy distintos en los que incluso utilizamos equipos diferentes.

Con lo que te he explicado ya conoces las bases de la astrofotografía e incluso sabrías por dónde empezar a dar tus primeros pasos en ella si quisieras, pero ya profundizaremos, de verdad, en esta bonita disciplina en otro libro.

Fotografiar el cielo con tu móvil

Antes, en la introducción de este bloque, te prometí que podrías llegar a realizar astrofotografías hasta con un teléfono móvil y, de momento, no he hablado de ello.

El principio es el mismo que para el resto de cámaras. Si utilizas un adaptador para acoplar el móvil a tu telescopio, puedes tomar una imagen solitaria y conseguirás un resultado bastante *meh...* pero si en su lugar tomas un vídeo, por ejemplo de la Luna y luego apilas y procesas los *frames* de ese vídeo como si se tratase de un vídeo tomado por una cámara planetaria, el resultado será cientos de veces mejor.

Asimismo, si tienes un teléfono móvil moderno capaz de hacer largas exposiciones y tienes una montura motorizada, puedes hacer tomas de hasta 30 segundos a través del telescopio y luego apilarlas. El resultado no será el ideal pero, para empezar, lo mismo te mata el gusanillo.

Desde luego, te invito a que no dejes de probar y experimentar. Al final es la mejor forma de aprender.

Al margen de esto, te habrás dado cuenta de que este libro está impreso en blanco y negro. Se ha hecho así para mantener unos costes razonables y poder ofrecerlo al precio que se ofrece, pero no me he podido resistir a incluir algunas de mis mejores astrofotografías a todo color. Ojalá te inspiren a seguir avanzando y aprendiendo.

ANEXO FOTOGRÁFICO

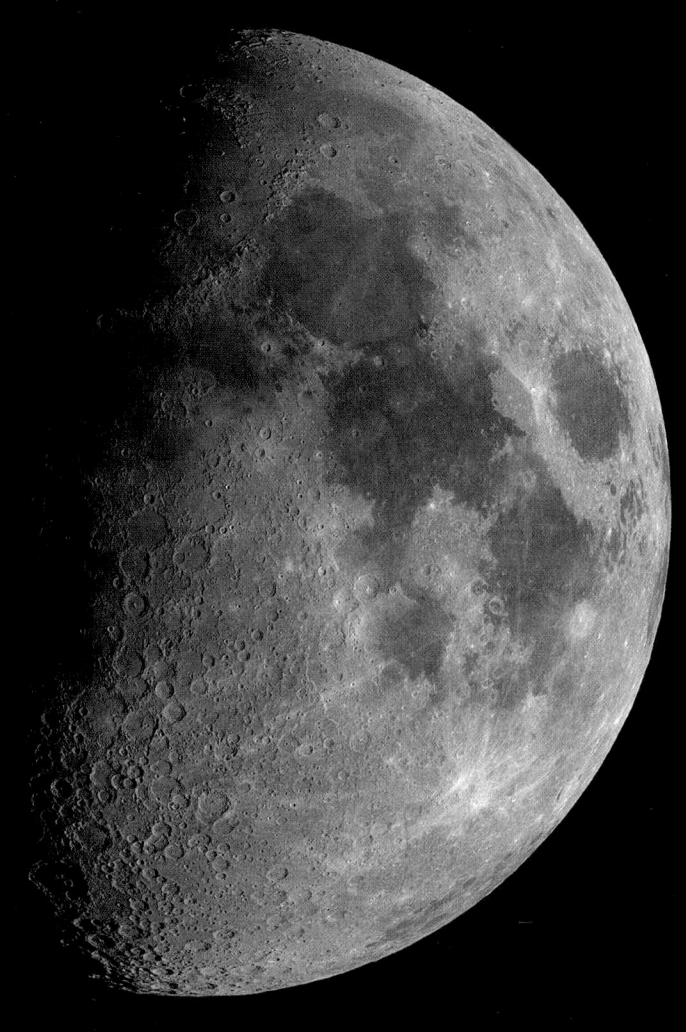

Astrofotografía lunar. Cuarto creciente. Mosaico compuesto por 20 teselas individuales realizadas con un telescopio tipo Maksutov de 150 mm de apertura + cámara planetaria monocroma. Ángel Molina.

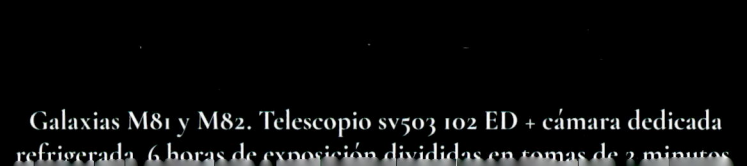

Galaxias M81 y M82. Telescopio sv503 102 ED + cámara dedicada
refrigerada, 6 horas de exposición divididas en tomas de 2 minutos.

Bucle de Cygnus. Telescopio sv555 + cámara dedicada
refrigerada + filtro multinarrowband. 6 horas de
exposición en tomas de dos minutos. Ángel Molina

Galaxia de Andrómeda y vecinas. Telescopio sv555 +
cámara dedicada refrigerada + filtro uv/ir cut. 4 horas de
exposición en tomas de dos minutos. Ángel Molina.

Galaxia del triángulo. Telescopio sv555 + cámara dedicada refrigerada + filtro uv/ir cut. ≈ 5,5 horas de exposición en tomas de dos minutos. Ángel Molina

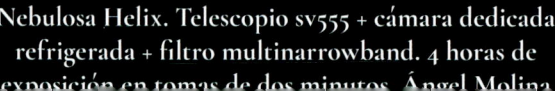

Nebulosa Helix. Telescopio sv555 + cámara dedicada
refrigerada + filtro multinarrowband. 4 horas de
exposición en tomas de dos minutos. Ángel Molina

Constelación de Orión. Se puede apreciar M42, la Gran Nebulosa de Orión. El efecto glow de las estrellas es producido por la presencia de finas nubes altas. Fotografía realizada con cámara mirrorless Sony a6700 + SIGMA 35 mm f/1.2 DG II ART y una montura star tracker. 20 tomas de 25 segundos cada una. Ángel Molina.

En esta fotografía se aprecia lo que es un buen lugar de observación. La arboleda y las pequeñas montañas ocultan la parte más baja y contaminada lumínicamente del horizonte dejando totalmente despejado el cenit. En la fotografía pueden apreciarse nubes altas, la sombra de la Vía Láctea tras ellas, el paso de dos satélites en la parte superior central-izquierda, la caída de un meteoro junto a la montaña de la derecha y el paso de un avión en el margen derecho de la fotografía. Cámara Sony a6700 + SIGMA 14 mm f/1.4 DG DN ART. 15 segundos de exposición sobre trípode. Ángel Molina.

Astrofotografía de la Gran Nebulosa de Orión. Telescopio
sv555 + cámara dedicada refrigerada + filtro uv/ir cut. ≈ 5 horas
de exposición en tomas de 2 minutos. Ángel Molina

Parte V

MÁS ALLÁ DE LA AFICIÓN

Capítulo 17

DEL AFICIONADO AL CIENTÍFICO CIUDADANO

CÓMO TUS OBSERVACIONES PUEDEN APORTAR
A LA CIENCIA: VARIABLES, OCULTACIONES,
SUPERNOVAS Y COMETAS

Hasta este punto has recorrido todo el camino de un astrónomo aficionado: has aprendido a mirar el cielo, a orientarte en él y a entenderlo; a usar distintos tipos de telescopios y monturas; registrar tus observaciones e incluso a tontear un poco con la astrofotografía. Pero la astronomía no termina con la contemplación del cosmos.

Cada noche, miles de aficionados en todo el mundo están aportando datos reales a la ciencia: medidas, registros y descubrimientos que ayudan a ampliar nuestro conocimiento del cosmos. A esta nueva forma de participación en la ciencia por parte de los aficionados la llamamos ciencia ciudadana. Y, aunque suene algo reservado a expertos, lo cierto es que cualquier persona que tenga el equipo adecuado puede formar parte de ella.

QUÉ ES LA CIENCIA CIUDADANA

Antes de la construcción de los grandes y modernos observatorios, los astrónomos profesionales y aficionados eran prácticamente lo mismo. En una época donde los títulos universitarios y las instalaciones de alta tecnología no existían, un astrónomo era cualquier persona que, con sus propios medios, observaba y estudiaba el universo con afán de comprenderlo y compartir su conocimiento.

Galileo, los hermanos Herschel, Messier o María Mitchell trabajaban con instrumentos modestos, anotando pacientemente todas sus observaciones a esperas de hacer un nuevo descubrimiento. Hoy, cualquiera de nosotros puede hacer lo mismo. La diferencia es que ahora tenemos equipos mucho más avanzados, *software* de precisión y acceso a redes globales de colaboración.

En los últimos años los astrónomos aficionados han protagonizado descubrimientos sorprendentes, como el de novas y supernovas en galaxias lejanas, impactos de asteroides y cometas en Júpiter o la Luna, detección de exoplanetas mediante fotometría de tránsito y seguimiento de asteroides potencialmente peligrosos para la Tierra.

Y, aunque efectivamente se necesitan equipos especializados para poder llevar a cabo determinadas mediciones, con la simple práctica de la astronomía visual ya se puede contribuir a la ciencia de forma activa. Hablo de, por ejemplo, la detección y seguimiento de estrellas variables, cometas, novas, manchas y tormentas solares, caída de meteoros y otros objetos, etc.

La American Association of Variable Star Observers (AAVSO) mantiene bases de datos internacionales donde los aficionados reportan sus estimaciones visuales de variaciones de brillo en estrellas variables, algunas de las cuales se remontan a más de un siglo.

Y aunque no tengamos telescopio, podemos seguir participando en la ciencia ciudadana. Existen decenas de proyectos que se nutren del análisis humano y en los que puedes participar sin usar ningún tipo de instrumento astronómico.

Globe at Night es un proyecto que mide la contaminación lumínica comparando lo que ves con las cartas celestes. En Zooniverse - Galaxy Zoo puedes ayudar a clasificar las galaxias que captan telescopios profesionales. Aurorasaurus recopila reportes de observación de auroras para estudiar la actividad solar y en NASA Exoplanet Watch puedes analizar curvas de luz de lejanas estrellas tomadas por telescopios profesionales para detectar tránsitos de exoplanetas.

Si disponemos de equipos más avanzados, como los que usamos en astrofotografía de cielo profundo, podemos ir más allá y hacer otro tipo de estudios.

La fotometría es un ejemplo claro. Consiste en medir con precisión la cantidad de luz que emite un objeto a lo largo del tiempo. Para llevarla a cabo necesitamos de un telescopio bien calibrado y una cámara astronómica. Con ese equipo podemos obtener curvas de luz de estrellas variables pulsantes o eclipsantes, tránsitos de exoplanetas, supernovas en galaxias cercanas, etc.

Estos datos se comparten con organismos como la AAVSO, el Exoplanet Transit Database (ETD) o GAIA Alerts. Los astrónomos profesionales recurren a estas bases de datos y tus observaciones les ayudan directamente a refinar modelos astronómicos y confirmar descubrimientos.

Otra opción es la astrometría, que se centra en medir posiciones exactas de objetos móviles para poder calcular sus trayectorias orbitales, entre otras cosas. Gracias a la astrometría se puede calcular con mucha precisión la órbita de asteroides, cometas o satélites. Los datos se envían al Minor Planet Center (MPC), que los usa para el cálculo de estas órbitas con gran precisión.

Lo interesante de la astrometría es que incluso con un equipo modesto se puede aportar información valiosa si el seguimiento que realiza la montura es bueno, fiable y estable.

La imagen colaborativa es otra buena forma de participar en la ciencia ciudadana. Muchos proyectos combinan astrofotografías de cientos de aficionados para crear mapas de alta resolución del cielo. Iniciativas como Galaxy Zoo, Astrometry.net o los proyectos de la NASA's Citizen Science Portal permiten que cualquier persona procese, clasifique o contribuya con sus propias observaciones.

Y, por dar un último ejemplo y aunque sea menos común, también es posible hacer espectroscopía *amateur*. La espectroscopía consiste en analizar la luz y sus longitudes de onda para identificar elementos químicos o moléculas concretas. Es un campo especialmente importante para estudiar la composición de atmósferas de exoplanetas y buscar indicios de vida. Esta es un área donde los aficionados avanzados están logrando muy buenas aportaciones científicas, especialmente en el seguimiento de estrellas Be y supernovas.

Para practicarla es necesario acoplar un espectroscopio a nuestro telescopio, un aparato que ni en sus versiones más sencillas es especialmente barato, pero con él se pueden estudiar composiciones químicas y velocidades radiales de cuerpos celestes.

Es importante destacar que, para que los datos que aportes sean válidos, deben cumplir ciertos criterios de calidad y documentación. Esto significa que debemos registrar la fecha y hora exacta de la observación en formato UTC, el equipo y parámetros usados en la observación y asegurarse de que las medidas tomadas sean reproducibles y verificables.

Como ves, es algo parecido a lo que hacemos con nuestros diarios de observación, aunque muchos programas de ciencia ciudadana ofrecen directamente plantillas de reporte o formularios estandarizados para agilizar y perfeccionar el proceso.

Cómo empezar en la ciencia ciudadana

Muchas veces lo que nos frena es no saber cómo empezar. Quizás, cuando comenzaste a leer este libro no tenías claro ni cuál es el primer paso para iniciarse en la astronomía *amateur*; pero fíjate dónde estás ahora: aprendiendo a aportar datos científicos reales al mundo.

Si quieres ser parte activa de la comunidad de científicos ciudadanos, una buena forma de comenzar es seguir estos pasos:

1. Elige un campo que te motive
   ¿Te atraen los cometas, los exoplanetas, las estrellas variables o la contaminación lumínica? Empieza por un área que te apasione y disfrutes, pues la constancia será necesaria para conseguir buenos datos.

2. Aprende el protocolo usado
   Cada programa de participación tiene su metodología y formato de envío. Dedica tiempo a leer las guías oficiales y las instrucciones de cada programa.

3. Practica antes de enviar datos
   Haz tantas sesiones de prueba como creas necesarias. Calibra tu equipo y compara tus resultados con los de otros observadores. Cuando creas que ya lo tienes todo listo, podrás comenzar a enviar datos a los repositorios.

4. Documentarlo todo
   Guarda la hora, la localización, los parámetros utilizados, las coordenadas del objeto observado y los archivos originales. Cuantos más datos originales y contrastables tengas, más transparencia y valor científico tendrá tu trabajo.

5. Conecta con la comunidad
   Como ya hemos visto en capítulos anteriores, la astronomía se comparte. Acude a foros y asociaciones donde compartir experiencias, resolver dudas y colaborar.

Siguiendo estos pasos, miles de personas normales y corrientes, como tú y como yo, están contribuyendo a la ciencia de primer nivel.

En 2021, por ejemplo, un grupo de aficionados europeos detectó el impacto de un asteroide en Júpiter antes que cualquier observatorio profesional. En 2018, el proyecto ExoClock validó tránsitos de exoplanetas con datos aportados por aficionados. El japonés de 71 años Koichi Itagaki ha descubierto desde el jardín de su casa muchos cometas y más de 170 supernovas en galaxias cercanas y lejanas, motivo por el cual se le apoda en el mundillo Mr. Supernova. En España, redes como Somyce (Sociedad de Observadores de Meteoros y Cometas de España) llevan décadas generando datos usados por la NASA y la ESA, y miles de usuarios anónimos han ayudado a clasificar más de 60 millones de galaxias en Zooniverse.

A fin de cuentas, el cielo es enorme y los recursos de los observatorios profesionales son limitados. En contraposición, somos millones de aficionados los que cada noche levantamos la vista al cielo y, muchas veces, vemos cosas antes que cualquier otra persona, de ahí la importancia de la ciencia ciudadana.

Capítulo 18

EL FUTURO DEL ASTRÓNOMO AFICIONADO

LA AFICIÓN A LARGO PLAZO

Y con esto llegamos al final. Hemos recorrido juntos un gran camino que comenzó aprendiendo a observar el cielo a simple vista y ha terminado participando en la ciencia de primer nivel más auténtica, pero aún nos queda hablar de algo más: ¿y luego qué?

La astronomía no es una afición de un par de años. Es habitual dedicar gran parte de la vida a esta disciplina, ya que el aprendizaje es lento, los equipos evolucionan, nuestros gustos e intereses cambian y el firmamento es enorme. Una vez enganchado y enamorado del cielo, aburrirse de él es muy difícil.

Lo normal es comenzar con la astronomía visual. Con equipos modestos realizamos nuestras primeras incursiones al firmamento mientras aprendemos a manejarnos en él y entender nuestro telescopio. Con el paso del tiempo nos actualizamos a equipos de mayor calidad que nos permiten observaciones más cómodas y de objetos más débiles. Algunos deciden dar el paso hacia la astrofotografía y, entre lo que cuesta un buen equipo de astrofotografía, lo que se tarda en dominar las técnicas de captura y procesado y la enorme cantidad de objetos que hay en el firmamento, aquí dedican décadas. No contentos con eso, algunos van aún más allá y se meten en proyectos científicos, dan charlas, escriben libros y un largo etcétera más.

Lo importante es que, una vez dentro de la astronomía, no hay un camino marcado que debas seguir ni una progresión lógica que se espere que cumplas. Cada uno de nosotros toma su propio camino, profundizando en aquello que más le gusta y le interesa y haciendo suya esta bonita afición.

La divulgación es algo que siempre está ahí. En el momento en que un amigo o desconocido te ve con tu telescopio, te pregunta y tú le explicas, ya estás haciendo divulgación. Cuando formas parte de una asociación astronómica y hacéis una plantada de telescopios en la calle para enseñarle la Luna a quien sea que pase por ahí, estás haciendo divulgación. Cuando decides compartir los datos de tus observaciones en un grupo de WhatsApp o en un modesto blog para que cualquiera pueda leerlo, estás haciendo divulgación.

Para mí, la divulgación es una de las cosas más bonitas que un astrónomo aficionado puede hacer. Tenemos los equipos y los conocimientos necesarios para acercar el cosmos a todo el mundo y, en tiempos donde abunda la desinformación y las teorías de la conspiración, nuestras explicaciones pueden ser el faro guía que evita que un adolescente perdido acabe pensando que la Tierra es plana.

Gracias a la divulgación he ayudado a cientos de personas a iniciarse en esta bella afición, he aportado conocimiento a personas de todas las edades y países y ahora, incluso, he escrito este libro. La sensación de satisfacción que se siente cuando alguien me dice que se ha animado a comprar su primer telescopio gracias a mis vídeos y mis fotografías es indescriptible.

Me viene a la cabeza una anécdota que ejemplifica perfectamente lo alucinante y maravillosa que puede ser esta afición. Déjame contar el día que vi a un ciego observar la Luna a través de un telescopio.

Ocurrió hace ya algunos años. La agrupación astronómica de mi ciudad había organizado una observación pública en una concurrida plaza para observar la Luna, Júpiter y Saturno. Era una tarde-noche de verano y muchas personas acudieron a la cita. Como esperábamos gran afluencia, montamos seis o siete telescopios para poder distribuir a la gente y evitar largas esperas. Yo estaba manejando uno de ellos.

En la cola de personas que había en mi telescopio, observé a un hombre de unos 65 años. Gafas oscuras, bastón blanco y agarrado del brazo de quien, intuía, era su esposa. Era evidente que ese caballero era invidente. Mientras la cola iba avanzando y las personas iban observando la Luna a través del telescopio, yo pensaba en lo injusto que es no poder hacer algo que el resto sí, más aún tratándose de algo tan bonito como es observar la Luna a través de un telescopio. Pensaba en lo mucho que me dolería y me afectaría a mí perder la vista y no poder practicar una afición por la que siento tanto amor y tanta pasión. El ver a ese hombre, haciendo cola para que su mujer observase a través del telescopio, me entristeció.

La sorpresa vino cuando llegó el turno de la pareja. La mujer comenzó a observar a través del ocular y, al mismo tiempo, le tomó la mano a su marido y comenzó a dibujarle en la palma de la mano lo que veía a través del telescopio con una precisión que ni yo mismo podría recrear.

«Este es el campo de visión», le dijo mientras dibujaba una circunferencia en la mano de su marido. «Esta zona está iluminada y esta otra en sombra. Justo por aquí pasa el terminador. En esta zona hay un gran cráter del que salen varias marcas alargadas y aquí hay una gran cadena montañosa».

Durante dos o tres minutos esa mujer dibujó con una precisión absoluta cada detalle de la Luna en la mano de su marido. Las descripciones eran fiables, ricas y precisas; nada propias de alguien que no sabe lo que está observando.

Al terminar, el hombre me explicó que se quedó ciego tras un accidente de coche. Antes del accidente era aficionado a la astronomía, aunque solo disponía de un modesto telescopio refractor con el que apenas podía observar la Luna. Pasaba horas y horas en la azotea de su casa con su pareja y el telescopio.

«Desde el accidente ya no he podido mirar más a través del telescopio, pero ella me ayuda a seguir practicando mi afición», me dijo mientras giraba la cabeza hacia su esposa con una sonrisa. «Y es que yo soy así, un cabezón. Cuando algo me gusta busco la forma de hacerlo sea como sea».

No negaré que un par de lágrimas amenazaban con saltar de mis ojos.

Desde aquel día utilizo esta anécdota para animar a todo el mundo. Muchas personas me dicen que son demasiado mayores o que apenas tienen tiempo para practicar la astronomía. Muchos ponen de excusa la falta de dinero para equipos o la baja calidad de sus cielos. Mi respuesta siempre es la misma: «si un ciego puede ver la Luna, tú puedes practicar esta afición».

El futuro del astrónomo aficionado es aquel que el astrónomo aficionado desee. El único límite es nuestra pasión y nuestra dedicación. Algunos son astrónomos más casuales y otros, como yo, aprovechamos cada oportunidad para escaparnos al monte a mirar estrellitas. Al final todos somos iguales; a todos nos cortan por el mismo patrón. Somos personas con problemas para madrugar y con energía de sobra por la noche. Somos personas que buscamos coches con maleteros grandes para que quepa nuestro telescopio. Somos personas que no tenemos dinero, porque cada vez que tenemos un poco lo invertimos en mejorar nuestro equipo. Somos personas que cuadramos nuestras vacaciones con la Luna nueva. Somos personas que amamos el cielo y disfrutamos compartiéndolo.

Espero que, tras leer este libro, tú también te incluyas en este grupo de *astrotrastornados* que miramos más la aplicación del tiempo que la del banco. Deseo que mis explicaciones te hayan ayudado a comprender mejor el cielo y a resolver dudas sobre los telescopios. El resto del camino debes recorrerlo tú.

Practica, practica y sigue practicando. El comienzo siempre es difícil y frustrante, pero te prometo que solo es cuestión de práctica, paciencia y disciplina. Hay maravillas increíbles en el firmamento al alcance de quienes se atreven a buscarlas. Disfrútalas.

Muchas gracias por leer este libro que con tanto cariño e ilusión he escrito. Si ya me conocías, gracias por seguir confiando en mis explicaciones y, si me has descubierto ahora, nos vemos en las redes.

Cielos despejados.

AGRADECIMIENTOS

Escribir este libro ha sido todo un placer y una auténtica ilusión para mí. Hay ciertas personas a las que debo agradecerles especialmente su contribución directa o indirecta a él, pues a lo largo de todos estos años y detrás de *El Diario del Astrónomo* ha habido personas que continuamente me han ayudado a hacer que esto funcionase y llegase hasta donde está hoy, dándome la oportunidad de publicar este libro para que tú puedas leerlo. Es por ello que les doy las gracias a:

Mis padres, por haberme dado las experiencias que me convirtieron en una persona curiosa por naturaleza y por su continúo apoyo a todos mis proyectos; aunque a veces tengan dudas de dónde acabaré por culpa de estos.

A *Doctor Fisión*, por ser un amigo desde el principio y estar siempre dispuesto a ayudarme y apoyarme en todo lo que esté en su mano. Espero que algún día pase página y asuma el lugar de Plutón.

A mis compañeros de la Agrupación Astronómica de San Fernando. En especial a Julián y Eduardo, por enseñarme tantas cosas y haberme dado el conocimiento y las herramientas necesarias para iniciarme en esta bella afición hace tantos años.

A Luis Miguel Azorín (@*NaturalPortraits*), por formar parte de este libro escribiendo el prólogo y por haberme enseñado tanto a la hora de iniciarme en la astrofotografía.

A Leonor Ana Hernández, por cederme sus magníficos astrodibujos que han ilustrado parte de este libro.

A mi amigo Antonio, por ser un fiel compañero bajo las estrellas y dedicarme todo el tiempo necesario para ayudarme en todo lo que he necesitado.

A Helena, mi amiga y moderadora, por ayudarme en tantos

directos, apoyar tan activamente mi trabajo y convertirse en mi persona de confianza a la hora de aclarar ideas.

A Luis Ibáñez, por su crucial ayuda en mis inicios. Sin él es posible que este proyecto jamás hubiese despegado.

A mi amigo Manuel, con cuyas ilustraciones conseguí explicar cosas muy complejas de forma sencilla y divertida.

A Isabel y Guillermo, por darme todas las facilidades de tiempo y horario que me permiten compaginar mi trabajo en redes sociales con mi vida real.

A mis seguidores, sin ellos nada de esto habría pasado. Aún me asusta el hecho de que a través de una cámara pueda llegar a tantos hogares y haya tantos miles de desconocidos para mí que cada día me vean, me apoyen y me hablen como a un amigo. Ojalá pudiera conocerlos personalmente a cada uno.

Este libro se terminó de escribir el 15 de octubre de 2025. Ese mismo día, pero de 1997, se lanzaba la misión Cassini-Huygens. Una de las misiones que más nos ha permitido aprender sobre Saturno, sus anillos y sus lunas; algunas de las cuales son firmes candidatas para albergar vida.